# Chikungunya

## Una endemia en Colombia

Norella Ortega Ariza, Ana María Segura Rosero, Álvaro Santrich Martínez, Osmar Pérez Pérez, Jecenia Vidal Martínez

# Chikungunya

Una endemia en Colombia

# Chikungunya
## Una endemia en Colombia

Norella Ortega Ariza, Ana María Segura Rosero, Álvaro Santrich Martínez, Osmar Pérez Pérez, Jecenia Vidal Martínez.

Editores: Douglas Hurtado Carmona - Norella Ortega Ariza

© 2017, Copyright
ISBN (Print): 978-1-387-43909-6
ISBN (Ebook): 978-1-387-45219-4

Contacto:
Publicaciones Científicas
Universidad Metropolitana
publicacionescientificas@unimetro.edu.co
nortega@unimetro.edu.co

**Portada**: Adaptada por Yoveris Solano Arrieta Contenido shutterstock_328200116, Shutterstock.com Licencia Universidad Metropolitana

## DEDICATORIA

A Dios.

A nuestros padres.

A nuestras Familias e hijos.

Y principalmente a nuestros pacientes que se vieron beneficiados dándonos la oportunidad de compartir y obtener nuevos conocimientos.

Los autores

# AGRADECIMIENTOS

A los pacientes afectados con la enfermedad del Chikungunya que permitieron acceder y crecer a los investigadores en el conocimiento científico de esta patología.

A la Universidad Metropolitana que permitió todo su apoyo logístico y económico, de manera inmediata durante el brote epidémico, con el fin de fortalecer la investigación del Chikungunya como enfermedad emergente.

A la Dirección Investigaciones, de la cual hacen parte los diferentes grupos de investigación institucionales, tales como el grupo INMUNO, EDUSAR, Grupo de estudios Diabetes, enfermedades metabólicas y cardiovasculares, GIEBIN, UMEDQUIR, con las diferentes líneas investigativas lograron evidenciar la problemática en salud y darle solución a la misma.

A las coordinaciones de Investigación Productiva y de Publicaciones Científicas de la Universidad Metropolitana, por apoyar y motivar los productos investigativos, que se visibilizan y socializan a favor de obtener una salud integral.

# COLABORADORES

**Carmen Avendaño, FT**
Fisioterapeuta
Esp. Docencia Universitaria
Mg. Educación
Esp. Ondas de choque radial
Universidad Metropolitana
Barranquilla, Colombia
Capítulo: El diagnóstico en la
enfermedad de Chikungunya

**Alfredo Barraza Támara**, MD
Ginecólogo y Obstetra
Director del Posgrado de Ginecología
y Obstetricia
Universidad Metropolitana
Barranquilla, Colombia
Capítulo: Enfermedad del
Chikungunya, su comportamiento
durante la gestación en Colombia

**Alfonso Cepeda, MD**
Médico Pediatra, Alergólogo
Alergología clínica
Director del laboratorio Inmunología y
Alergia
Fundación Hospital Universitario
Metropolitano
Barranquilla, Colombia
Capítulo: Respuesta inmunitaria ante la
infección por el virus Chikungunya

**Irina Ortega, MD**
Médico Pediatra
Docente del Posgrado de Pediatría
Universidad Metropolitana
Barranquilla, Colombia
Capítulo: Chikungunya en pediatría

**Víctor Barbosa, MD**
Médico Pediatra
Director del Posgrado de Pediatría.
Universidad Metropolitana
Barranquilla, Colombia
Capítulo: Chikungunya en pediatría

**Jorge Bilbao, MD**
Médico Sociólogo
Mg. Salud Pública
Mg. en Educación
Esp. Salud Ocupacional
Director de Investigación
Universidad Metropolitana.
Barranquilla, Colombia
Capítulo: Aspectos en salud pública del
virus del Chikungunya

**Luz Marina Contreras, MD**
Médico Pediatra
Docente del Posgrado de Pediatría
Universidad Metropolitana
Barranquilla, Colombia
Capítulo: Chikungunya en pediatría

**Norella Ortega, MD**
Médico Ginecóloga Obstetra
Mg. Inmunología de la Reproducción
Coordinadora de Investigación
Productiva
Universidad Metropolitana
Barranquilla, Colombia
Capítulo: Enfermedad del Chikungunya,
su comportamiento durante la gestación
en Colombia

## Arturo Pedroza, EC.

Economista
Mg. en Educación
Docente Investigador
Universidad Metropolitana
Barranquilla, Colombia
Capítulo: Prefacio

## Lérida Pernett, Bact

Bacterióloga
Docente investigadora
Universidad Metropolitana
Barranquilla, Colombia
Capítulo: El diagnóstico en la
enfermedad de Chikungunya

## Ana María Segura, MD

Médico
Esp. Alergología Clínica
Investigadora
Universidad Metropolitana
Barranquilla, Colombia
Capítulo: Respuesta inmunitaria ante la
infección por el virus Chikungunya

## Sara Villalba, Bact

Bacterióloga del Laboratorio De
Inmunología y Alergia
Fundación Hospital Universitario
Metropolitano
Barranquilla, Colombia
Capítulo: El diagnóstico en la
enfermedad de Chikungunya

## Osmar Pérez, MD

Médico Pediatra
Esp. Modelos, Tipos y Diseños de
Investigación
Esp. Docencia Universitaria
Doctorado en Ciencias de la Educación
Director del programa de Medicina
Universidad Metropolitana
Barranquilla, Colombia
Capítulo: Chikungunya en pediatría

## Alvaro Santrich, MD

Médico Cirujano
Mg Salud pública
Coordinador Investigación de Posgrados
Médico Quirúrgicos
Universidad Metropolitana
Barranquilla, Colombia
Capítulo: Aspectos en salud pública del
virus del Chikungunya

## Jecenia Vidal, Bact

Bacterióloga
Msc. genética
Directora del Laboratorio de Biología
Molecular
Fundación Hospital Universitario
Metropolitano
Barranquilla, Colombia
Capítulo: El diagnóstico en la enfermedad
de Chikungunya

# CONTENIDO

# Prefacio

**Arturo Pedroza Pedroza**

## El Chikungunya en el contexto de las enfermedades transmitidas por vectores una mirada global

El Chikungunya es una de las enfermedades transmitidas por vectores más propagadas en los países ubicados en los trópicos a nivel global, la enfermedad se dio sobre todo en África, Asia y el subcontinente indio. Sus características a partir de su naturaleza y sintomatología dan cuenta de una dolencia de origen vírico transmitida al hombre por la hembra del mosquito (*Aedes aegypti y Aedes albopictus*) que se encuentran infectados.

Los síntomas incluyen estado febril, inflamación y dolor pronunciado en las articulaciones y músculos. Otros síntomas registrados son: la cefalea, erupciones en la piel y fatiga general.

La Organización Mundial de la Salud (OMS), advierte su relevancia desde el punto de vista epidemiológico en América latina se dio a partir de 2015 cuando se detectó un gran brote que afectó a varios países de la Región de las Américas.

La respuesta de la OMS ante el crecimiento de los casos reportados de esta enfermedad estableció como derroteros los siguientes aspectos:

- Formular planes basados en evidencias para gestionar los brotes.
- Proporcionar apoyo y orientación técnica a los países para que gestionaran eficazmente los casos y sus manifestaciones.
- Prestar apoyo a los países para que mejoraran sus sistemas de notificación.
- Proporcionar formación a nivel regional sobre el tratamiento, el diagnóstico y el control de los vectores en conjunto con algunos de sus centros colaboradores.

- Publicar protocolos o instrucciones sanitarias para los países miembros acerca del procedimiento y vigilancia encaminada a erradicar los reservorios del vector.

La Organización Mundial de la Salud instó a las autoridades sanitarias de los países a generar y salvaguardar capacidades que les permitan diagnosticar y corroborar casos, tener en cuenta la atención prioritaria de los enfermos e implementar medidas de promoción y métodos seguros entre las comunidades para erradicar el vector.

Enfrentar esta coyuntura de salud, no solo implicó hacerle frente a la emergencia social en aquellas zonas más afectadas, tanto las rurales como núcleos urbanos, sus implicaciones epidémicas dan cuenta de una enfermedad que se enmarca en un conjunto de dolencias, que tienen importantes alcances para la economía de los países, teniendo en cuenta las repercusiones en el mercado laboral.

Inicialmente los ausentismos que se produjeron, no solo por los síntomas inmediatos sino por aquellos de índole reumatológicos, conllevaron a incapacidades prolongadas, que a la postre se traducen en faltas al trabajo y afectación en el desempeño económico de las empresas.

Esto se agrava aún más en los países en vía de desarrollo, como es el caso colombiano donde una gran proporción de la población económicamente activa, no cuenta con un empleo remunerado y subsisten a partir de negocios informales, así mismo no cuentan con un sistema eficiente de seguridad social, que le permita enfrentar desde las finanzas personales las incapacidades asociadas a las dolencias.

Las empresas más afectadas por las ausencias laborales fueron las PYMES, que absorben por sus características organizacionales y operativas, la mayor parte de la población económicamente activa.

Esta situación se agudizó, considerando que al ser el Chikungunya una enfermedad generada por vectores comunes en las regiones, su propagación vino precedido del dengue y posteriormente del Zika, otra enfermedad altamente incapacitante y con implicaciones en otros padecimientos como la microcefalia en niños gestados por madres que padecieron el Zika y la predisposición para contraer el síndrome de Guillain-Barré con la consecuente morbimortalidad asociada a esta patología.

La tendencia mundial respecto a estas enfermedades y su diseminación, han generado una gran reflexión institucional entre los gobiernos, conscientes de las graves consecuencias sobre el desarrollo de estas, y las nuevas estrategias apuntan a la generación de una respuesta mundial para el control de vectores.

Es así que en el marco de la 70ª Asamblea Mundial de la Salud organizada por la OMS, se determinó un plan que se extiende desde el presente año 2017 hasta 2030, cuyo objetivo es: reducir la carga y la amenaza de las enfermedades de transmisión vectorial, a través de un control de vectores eficaz, sostenible y adaptado a las circunstancias locales (3, p: 1)

## Vectores y enfermedades

Los vectores son especies vivas que pueden transmitir enfermedades infecciosas al humano, o de otros animales al hombre (Zoonosis). La mayoría son insectos y algunos de ellos se alimentan de sangre e ingiriendo desde ella microbios (Bacterias, virus, hongos etc.) que pueden generar el contagio a partir de su contacto con los huéspedes (persona o animales).

Al abordar el estudio de los vectores y su proliferación, la OMS en sus estudios ubica a los mosquitos como los vectores de enfermedades más conocidas; le siguen las garrapatas, moscas, flebótomos, pulgas, triatómicos y algunos caracoles de agua dulce, que también son vectores de enfermedades.

El *Aedes aegypti* ocupa un lugar determinante del análisis y el Chikungunya encabeza la lista de enfermedades, seguido del dengue, la fiebre amarilla, la filariasis linfática y el Zika, seguido del Anopheles con enfermedades como el paludismo.

Las bases estratégicas para la respuesta global de cara a la abrumadora variedad de vectores comprenden: fortalecer las labores y la asistencia dentro y en torno a los sectores de las sociedades, que fomenten la visión compartida y la iniciativa de las comunidades, que permitan optimizar el seguimiento de los vectores, el control y evaluación de las soluciones; diversificar e integrar recursos, instrumentos y enfoques.

Confiriéndole a este trabajo intra e intersectorial, la consolidación de un control de enfermedades transmitidas por vectores, eficiente, sostenible y contextualizado a la realidad y desarrollo de los países.

*Reforzar las acciones y la colaboración intersectorial e intrasectorial:* El descenso progresivo de la carga de las patologías asociadas al control de vectores debe constituirse en una visión compartida por todos los miembros de las sociedades afectadas. Es perentorio que se estructure una coordinación eficaz de las actividades de control de vectores, entre el sector salud de los países y otros entes como los ministerios, las autoridades del orden público, las empresas privadas y las organizaciones no gubernamentales que desarrollen labor de interés social.

Así como las redes y programas que constituyen el sistema hospitalario, por ejemplo, los programas nacionales de vigilancia ambiental en relación con la salud pública, los sistemas de vacunación de enfermedades prevalentes en el caso de zonas tropicales como el paludismo, la fiebre amarilla y las enfermedades comunes transmitidas por vectores; las iniciativas relacionadas con la calidad del agua, las buenas prácticas para la calidad de la salud y el saneamiento básico, y los organismos e instancias públicas a las que se les encomienda el servicio de salud.

*Lograr la participación y movilización de las comunidades:* Las comunidades desarrollan un papel primordial en la calidad de las iniciativas y la sostenibilidad de la vigilancia de la proliferación de vectores, y son fundamentales para el alcance de estos objetivos. Si bien la erradicación o disminución significativa de los vectores es necesaria, la gestión entre la cantidad de grupos humanos y el control de vectores depende sustancialmente del aprovechamiento de los saberes adquiridos y las aptitudes de las comunidades.

La participación y la movilización de la comunidad exigen trabajar con los habitantes locales para mejorar el control de vectores y desarrollar la resiliencia contra futuros brotes epidémicos de la enfermedad (3, p: 26)

*Mejorar la vigilancia de los vectores y el monitoreo y la evaluación de las intervenciones.* La abrumadora capacidad de los vectores para reproducirse e infectar, aunado a sus variadas respuestas frente a los programas y estrategias de control, pueden diferenciarse según la especie, la geografía y el tiempo, dependiendo de factores ambientales propios de los lugares, las poblaciones y sus costumbres.

Por consiguiente, la implementación del control de vectores debe tener sus bases en datos domésticos vigentes, obtenidos mediante rigurosas metodologías según el contexto. La vigilancia de vectores consiste en compilar, analizar e interpretar de manera reiterada y sistemática datos entomológicos o de distribución de las especies y sus reservorios para hacerle seguimiento a los riesgos que afectan de forma sensible la salud general.

*Ampliar e integrar herramientas y enfoques.* Una disposición clave para potencializar la eficacia en el monitoreo de la proliferación de vectores en la salud pública, es la promoción y la expansión de intervenciones apropiadas al contexto epidemiológico y entomológico.

Las intervenciones convenientes y de eficacia comprobada son, entre otras, los toldos tratados con insecticidas de acción prolongada, la fumigación de habitaciones y salas interiores con insecticidas de acción residual, la aspersión de insecticidas por las calles y espacios comunitarios de uso consuetudinario, los molusquicidas y los larvicidas integrando la gestión ambiental selectiva de vectores específicos. Desde esta perspectiva se debe reconocer el avance de la tecnología química y el control biológico de especies en la actualidad.

Se está creando una amplia gama de productos para hacer frente a dificultades clave, como la resistencia de los vectores del paludismo a los insecticidas y la transmisión residual del parásito del paludismo. Las medidas de protección personal, como el uso de repelentes o de ropa que cubra el cuerpo, son enfoques complementarios adecuados en entornos y situaciones específicas. (3, p: 27)

En síntesis, las metas propuestas por la OMS desde estas estrategias en relación con los vectores, establecen para los siguientes años un plan de acción encaminado a mejorar la calidad

5

de vida de las poblaciones afectadas, haciendo énfasis en el denominador común que representa en su mayoría, el subdesarrollo de los países afectados.

En este proceso se establecen unas metas en torno a la reducción de la mortalidad, la incidencia y la prevención de estas enfermedades. En la mortalidad se propone una reducción de las muertes por enfermedades vectoriales de forma escalonada, a 2020 al menos un 30%, a 2025 al menos un 50% y a 2030 al menos un 75%.

En este sentido es necesario considerar lo álgido de las estadísticas, las enfermedades por vectores representan el 17% de las patologías a nivel mundial, en relación con la incidencia la meta establecida pretende reducir mundialmente las enfermedades de transmisión vectorial con relación al 2016 al menos un 25% al menos un 40% al menos un 60%.

En relación a la prevención, la meta es continuar las estrategias previniendo las epidemias en todos los países sin transmisión en relación a los índices registrados en 2016 para 2025 y a 2030 prevenir las epidemias en todos los países.

## Referencias bibliográficas

1. Salas D, Bocanegra D. Vigilancia y Análisis del riesgo en salud pública protocolo de vigilancia en salud pública chikunguña. Instituto Nacional de Salud, Bogotá 2016. Recuperado de: www.ssmcucuta.gov.co/observatorio/_lib/img/protocolos/pro _chikungunya.pdf

2. OMS. Respuesta mundial para el control de vectores 2017–2030 (Versión 5.4) Documento de contexto para informar las deliberaciones de la Asamblea Mundial de la Salud en su 70ª reunión. OMS. 2017. Recuperado de: http://www.who.int/malaria/areas/vector_control/Draft-WHO-GVCR-2017-2030-esp.pdf

3. OMS. (2017). Chikungunya. Nota descriptiva. Centro de prensa. 2017 http://www.who.int/mediacentre/factsheets/fs327/es/

# Enfermedad del Chikungunya, su comportamiento durante la gestación en Colombia

Norella Ortega Ariza, Alfredo Barraza Támara,

Jecenia Vidal Martínez

## Introducción

El Virus Chikungunya (CHIKV) es un virus de la familia Togaviridae, género Alphavirus, el cual fue aislado por primera vez durante una epidemia en Tanzania entre los años 1952 y 1953. La enfermedad CHIKV puede manifestarse como síndrome febril, rash cutáneo, artralgia y puede producir signos y síntomas clínicos los cuales son difíciles de distinguir de los producidos por la fiebre del dengue. CHIKV y virus del dengue (DENV) son transmitidos por mosquitos Aedes, tales como *A. aegypti* y *A. albopictus*. (1)

El CHIKV ha expandido su distribución geográfica mundial, desde el año 2004 provocando epidemias sostenidas de magnitud sin precedentes en Asia y África. En el continente Americano a partir de 2006 en Norte América los turtistas que reingresaban de zonas donde había casos de fiebre de Chikungunya con propagación autóctona dio origen al inicio de la enfermedad (2) a partir de 2009 se notifican casos importados por Guayana Francesa, Martinica, Guadalupe y Brasil. (3)

En Colombia no habían sido registrado casos autóctonos de la fiebre Chikungunya, pero las condiciones climáticas del país permiten la circulación y transmisión del virus, dado a que el país cuenta con los vectores del dengue, distribuidos en las áreas de 845 municipios, siendo éstos comunes para el virus Chikungunya lo que hace posible su transmisión.

El acumulado nacional de casos confirmados presentados

en 502 municipios fueron de 220.062 casos, la introducción del virus CHIKV en el territorio nacional representó un reto para salud pública que hacía necesaria oportuna respuesta desde los servicios de salud, que permitiera garantizar el diagnóstico y atención clínica con calidad, sobre todo en la población en riesgo, como es el caso de las gestantes.

Teniendo en cuenta que la epidemia por CHIKV ha generado un incremento importante de la demanda de atención, se debieron establecer las estrategias para optimizar el servicio de salud, de acuerdo a grupos etarios y población vulnerable de padecer complicaciones graves y desenlaces fatales. Colombia ocupó los primeros lugares de contagio en la región, así mismo Brasil y Venezuela.

En Colombia la circulación del virus fue demostrada tanto por clínica como por laboratorio, en 30 entidades territoriales en las que se encuentran Amazonas, Atlántico, Arauca, Antioquia, Barranquilla, Bolívar, Cartagena, Huila, Cauca, Cesar, Boyacá, Caldas, Caquetá, Casanare, Córdoba, Cundinamarca, La Guajira, Magdalena, Meta, Putumayo, Nariño, Norte de Santander, Sucre, Santander, Santa Marta, Quindío, Risaralda, Tolima, San Andrés, Providencia, Santa Catalina y Valle del Cauca. Para un acumulado nacional a la fecha de corte en la semana 18 del 2015, fueron 220.062 casos confirmados. (4)

La introducción del virus CHIKV en el territorio nacional se convirtió en la necesidad de adoptar medidas para un rápido control de propagación del mismo y optimizar el servicio de salud para disminuir complicaciones en las poblaciones vulnerables.

Pese a las predicciones dadas por los diferentes centros especializados para control y diagnóstico de las enfermedades, en el país no se tomaron las medidas preventivas con antelación, cuando el virus se estaba incrementando en otros países y se consideró que el gobierno tuvo una reacción tardía.

La defensa de las autoridades sanitarias se basó en que el Ministerio de Salud se estuvo preparando desde 2010, cuando el Instituto Nacional de Salud (INS) obtuvo el certificado en su capacidad de laboratorio para hacer diagnóstico de la enfermedad y en 2012, se distribuyó la guía internacional de preparación ante posible introducción del virus. (5)

Es preocupante la presentación de casos en menores de un año, embarazadas, pacientes con enfermedades crónicas y adultos mayores, ya que el Chikungunya puede causar cuadros clínicos severos en estos cuadros atípicos, descompensación en enfermedades crónicas, sobre infección de lesiones en piel, que pueden llevar a los pacientes a presentar cuadros graves que requieran hospitalización, incluso en aumentar el riesgo de morir en estas poblaciones. (6)

Como se puede observar en lo anteriormente descrito, es bien sabido la evolución y la historia natural de la infección por el virus de Chikungunya en la población en general, se consideran que faltan estudios que permitan evaluar el comportamiento de la enfermedad en la población gestante, considerada especial por el alto riesgo de transmisión neonatal y la posibilidad de futuras complicaciones para este, así mismo es notable la ausencia de parámetros encaminados a establecer criterios de manejo óptimos para este grupo poblacional.

Por lo cual surgió la necesidad de determinar el comportamiento de la enfermedad Chikungunya durante la gestación, del programa "Ser Madre Hijo" De Mutual Ser (Atlántico, Colombia), de septiembre de 2014 a junio de 2015. (7)

## Epidemiología

En Colombia, existen condiciones para la pronta propagación de la transmisión autóctona de la enfermedad, debido a las altas tasas de infestación con *Aedes aegypti* en la mayor parte de nuestras poblaciones (845 municipios del país, aproximadamente 24 millones de habitantes), a la diseminación y presencia en el domicilio de múltiples criaderos para el Aedes y a la susceptibilidad total de la población colombiana, incluida la que vive sobre los 1800 metros de altura que a menudo sale a lugares donde está presente el vector y hay o habrá casos importados en estas poblaciones. (8)

En Colombia se confirmó el caso pionero importado de virus Chikungunya el 19 de Julio de 2014, a partir de pruebas serológicas (IgM Chikungunya virus) en el laboratorio de virología del Instituto Nacional de Salud. El caso hace referencia a una mujer de 71 años, procedente de República Dominicana, de nacionalidad Colombiana.

9

El 11 de septiembre de 2014 (semana epidemiológica 37) fue notificado el primer caso de Chikungunya autóctono confirmado por laboratorio, el cual vino del corregimiento de San Joaquín, municipio de Mahates departamento de Bolívar; las muestras fueron tomadas el 6 de septiembre después de la visita al corregimiento. (9)

Hubo 213.000 casos autóctonos sospechosos. (Boletín de las Américas semana 11 OPS). Algunas veces productos de ingreso de personas en fase de viremia del virus en áreas no endémicas, se ve reflejado en los patrones infecciosos del Chikungunya. (10)

La enfermedad Chikungunya durante la gestación, en una IPS del departamento del Atlántico, las fechas donde se detectaron más casos de infección por CHIKV en la gestante fueron noviembre, diciembre del 2014 y enero del 2015, con un descenso considerable en la consulta por esta enfermedad para el mes de febrero 2015. Se tomaron datos de pacientes gestantes con sintomatología típica de la enfermedad por CHIKV; de 149 historias clínicas, 43 presentaron datos incompletos en la historia clínica y pacientes que no fueron posible llevar a cabo el seguimiento. En total se usaron 106 historias clínicas. En la Tabla 1 se presenta la distribución por municipios.

**Tabla 1.** Distribución de la muestra por municipios.

| Procedencia | N | % |
|---|---|---|
| Barranquilla | 32 | 30 |
| Campo de la cruz | 4 | 3.78 |
| Candelaria | 3 | 2.8 |
| Galapa | 6 | 5.66 |
| Juan de Acosta | 2 | 1.9 |
| Malambo | 19 | 18 |
| Puerto Colombia | 1 | 0.95 |
| Sabanagrande | 4 | 3.78 |
| Sabanalarga | 1 | 0.95 |
| Soledad | 34 | 32 |
| Total | 106 | 100 |

**Fuente**: Ortega N, Barraza A, Vidal J, Gamboa M, Orozco E, Vallejo C. *Comportamiento de la enfermedad Chikungunya durante la gestación, del programa "Ser Madre Hijo" de Mutual Ser (Atlántico), de septiembre de 2014 a junio de 2015.* Universidad Metropolitana 2016

## Transmisión

El contagio es por la picada de mosquitos hembras *"Aedes aegypti o Aedes albopictus (Stegomya aegypti y Stegomya albopicta)"*, especies implicadas en la transmisión de otras enfermedades, como dengue, fiebre amarilla, malaria, otros alfavirus, etc, la picadura de estos mosquitos ocurre durante el día. El ciclo natural del virus de Chikungunya es humano-mosquito-humano. Cuando ocurren epidemias, los seres humanos sirven como reservorios del CHIKV. Los animales vertebrados han sido implicados como reservorios tales como los monos, roedores y aves.

Se ha identificado transmisión vertical durante el periodo periparto se estima que en las pacientes virémicas en el periparto la tasa de transmisión vertical es cercana al 50%. Trasmisión de CHIKV ha sido asociada a trasplantes de córnea, debido a que este órgano es susceptible de infección por el virus. La manipulación de sangre contaminada es otra manera de trasmisión del virus, en especial en trabajadores del área de la salud.

El período de incubación puede ser 1 a 12 días, con un intervalo de 3 a 7 días. Cuando el virus entra al torrente sanguíneo puede permanecer de 5 a 6 días, y en algunos casos hasta 10 días, posterior al comienzo del estado febril. Por lo que el aislamiento se recomienda durante la fase virémica en pacientes que se encuentren con sospecha clínica. (11)

Al inicio de este brote, no se disponía de información sobre el riesgo de infección por el virus Chikungunya en mujeres embarazadas. Existen reportes puntuales de abortos espontáneos ocurridos en el segundo trimestre, posteriores a una infección materna por el virus del Chikungunya.

En la mujer embarazada la infección en el momento intraparto es cuando se encuentra con el más alto riesgo de contagio, momento en el que la tasa de transmisión puede alcanzar hasta un 47.8%. (12)

## Manifestaciones clínicas de la enfermedad en mujeres embarazadas

La característica principal de la infección por el virus es la fiebre, la cual podría ocasionar contracciones uterinas o elevaciones

11

de la frecuencia cardíaca fetal, que pueda promover el parto prematuro espontáneo o inducido (cesárea para el rescate del feto).

El síndrome hemorrágico descrito en el inicio de la infección puede manifestarse por sangrado vaginal durante el embarazo o hemorragia en el tercer periodo, como se informó para la infección con el virus de dengue.

Luego de 60 a 90 días después del cuadro clínico inicial, puede manifestarse la etapa sub aguda, la cual se presenta con un cuadro reumático (dolor articular, tenosinovitis, en algunos casos trastornos vasculares periféricos transitorios, fatiga, debilidad y en casos extremos llegar a la depresión; si la sintomatología persiste por más de 3 meses y hasta 12 meses se constituye la fase crónica. (13)

La enfermedad Chikungunya durante la gestación en una IPS del departamento del Atlántico, de septiembre de 2014 a junio de 2015, se presentaron los síntomas en la fase aguda, sub aguda y crónica de la siguiente forma: estas pacientes no llegaron a la finalización del embarazo en fase aguda por lo cual no fue comparable con el desenlace del embarazo y el resultado perinatal. (Figura 1)

**Figura 1, 2, 3.** Manifestaciones clínicas típicas de la enfermedad CHIKV, durante la gestación en fase aguda, sub- aguda y crónica.

**Figura 1.**

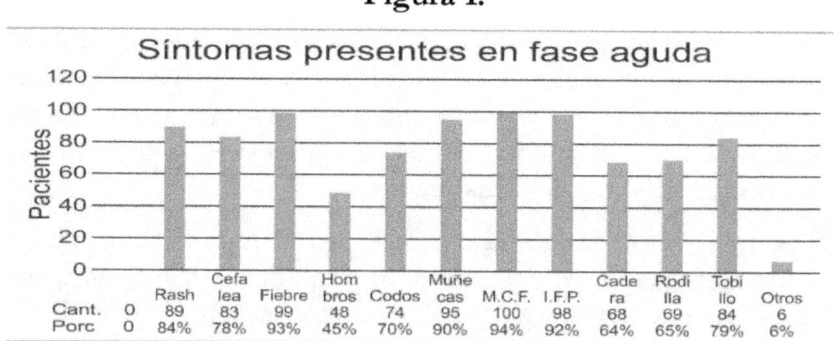

Fuente. Comportamiento de la enfermedad Chikungunya durante la gestación, del programa "Ser Madre Hijo" De Mutual Ser (Atlántico, Colombia), de septiembre de 2014 a junio de 2015. Unimetro 2016,34 (60)44-5

En la fase subaguda, no se observó una mayor incidencia de complicaciones durante la gestación ni al momento del parto. Para la fase crónica, la sintomatología de fiebre, cefalea y rash se encontraban ausentes, con persistencia de dolor en los sitios más comunes, ya descritos en la fase sub-aguda en una menor proporción. (Figura 2).

## Figura 2.

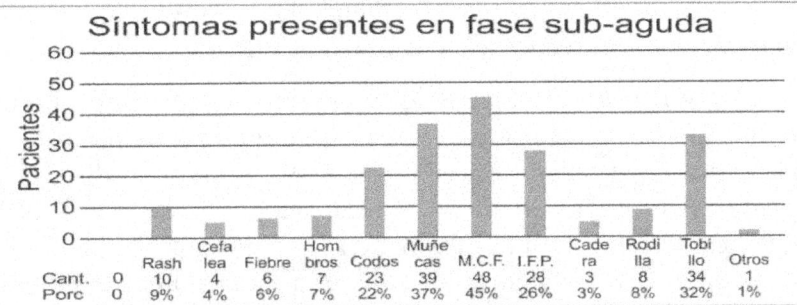

Fuente. Comportamiento de la enfermedad Chikungunya durante la gestación, del programa "Ser Madre Hijo" De Mutual Ser (Atlántico, Colombia), de septiembre de 2014 a junio de 2015. Unimetro 2016,34 (60)44-5

Cabe destacar que de las 106 pacientes estudiadas, durante la fase crónica, se presentaron 2 casos de crisis o exacerbación de artralgias, en regiones anatómicas distintas, estas pacientes no presentaban comorbilidades o factores de riesgo que condujeran a su desarrollo. Ni presentaron alteraciones en los periodos del peripato parto y puerperio. (Figura 3)

## Figura 3.

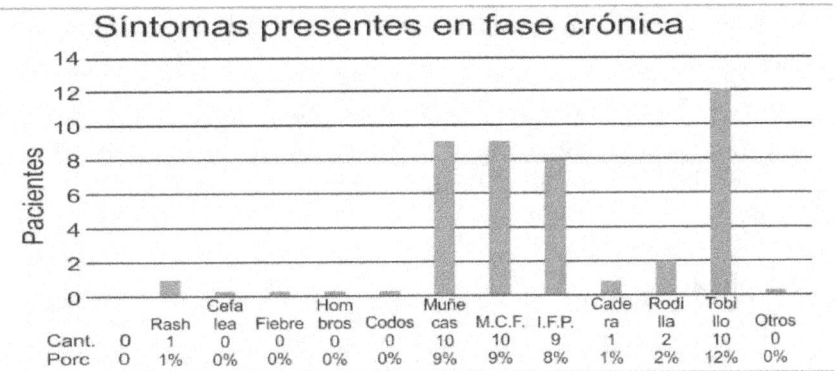

Fuente. Comportamiento de la enfermedad Chikungunya durante la gestación, del programa "Ser Madre Hijo" De Mutual Ser (Atlántico, Colombia), de septiembre de 2014 a junio de 2015. Unimetro 2016,34 (60)44-5

## Trasmisión del virus materno-fetal

Investigaciones realizadas sobre la fisiopatología de la transmisión materno-fetal descartan la posibilidad de contaminación neonatal a través del canal del parto, porque al evaluar aspiraciones gástricas e hisopos nasales estos fueron RT-PCR negativo y la terminación del embarazo por vía alta no mostró ningún efecto protector sobre la transmisión viral. (14)

La barrera placentaria es capaz durante el periodo preparto de prevenir la transmisión del virus Chikungunya materno-fetal, el mecanismo de transmisión viral está dado por el paso directo de la sangre materna altamente virémica (carga media viral de 1.5 millones de copias/ml de plasma) en la circulación fetal a través de la placenta, (15) resultantes de las contracciones uterinas durante el parto. (16). La enfermedad Chikungunya durante la gestación, en una IPS del departamento Atlántico, de septiembre de 2014 a junio de 2015, presentaron síntomas atípicos tales como dinámica uterina, sangrado y vómitos en el 13% de la población.

Se realizaron medidas de carga viral en placenta de recién nacidos hijos de madre infectadas y no infectadas encontrándose que la carga viral medida de placentas de recién nacidos infectados ha sido significativamente mayor que la de los recién nacidos no infectados, la inmunofluorescencia con anticuerpos anti-Chikungunya no permitió la detección de las células infectadas en ninguna de estas placentas, esto podría obedecer a una viremia materna superior, que podría ser predictivo de la probabilidad de transmisión.

Se ha descrito que los anticuerpos para CHIKV adquiridos a través de vía transplacentaria en circulación de los bebés pueden proteger de la enfermedad hasta los 9 meses de edad. (17)

## Complicaciones

Miocarditis, neumonía hepatitis, falla renal y alteraciones oculares o neurológicas son las complicaciones que se han descrito. Existen también individuos infectados que pueden ser asintomáticos, o presentar sintomatología leve. Las complicaciones graves y la mortalidad relacionadas con Chikungunya son infrecuentes.

El diagnóstico diferencial de la infección por Chikungunya es verdaderamente un reto, en áreas tropicales donde existe el mosquito Aedes y que son igualmente prevalentes otras condiciones infecciosas como el dengue. (18). Las complicaciones de la enfermedad Chikungunya durante la gestación, en una IPS del departamento del Atlántico de septiembre de 2014 a junio de 2015, se muestran en la (Figura 4), complicaciones fetales inmediatas (Figura 5), intraparto (Figura 6) y en el puerperio inmediato (Figura 7).

**Figura 4.** Complicaciones durante la gestación, en pacientes con enfermedad CHIKV del programa "Ser Madre Hijo" De Mutual Ser, en el periodo de septiembre 2014 a junio 2015

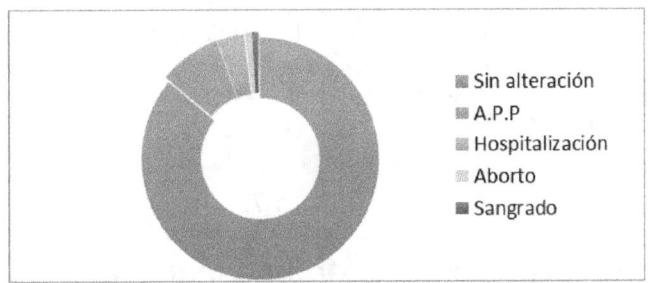

**Fuente**: Ortega N, Barraza A, Vidal J, Gamboa M, Orozco E, Vallejo C. *Comportamiento de la enfermedad Chikungunya durante la gestación, del programa "Ser Madre Hijo" de Mutual Ser (Atlántico), de septiembre de 2014 a junio de 2015.* Universidad Metropolitana 2016

**Figura 5.**

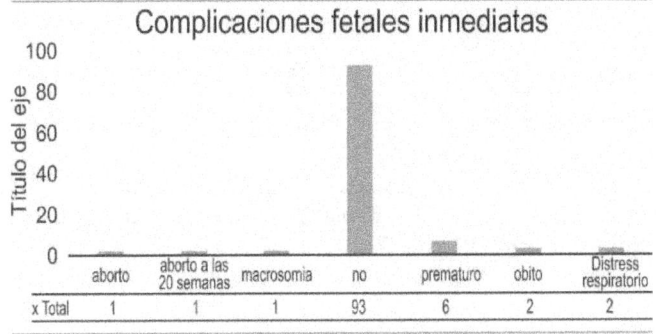

Fuente. Ortega N, Barraza A, Vidal J, Gamboa M, Orozco E, Vallejo C.Comportamiento de la enfermedad Chikungunya durante la gestación, del programa "Ser Madre Hijo" de Mutual Ser (Atlántico), de septiembre de 2014 a junio de 2015. Unimetro 2016; 34 (60):41-47

## Figura 6.

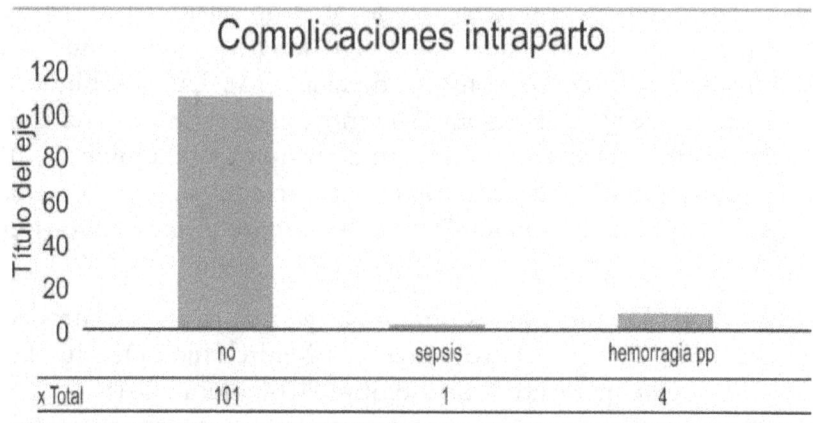

| x Total | 101 | 1 | 4 |
|---|---|---|---|

Fuente. Ortega N, Barraza A, Vidal J, Gamboa M, Orozco E, Vallejo C. Comportamiento de la enfermedad Chikungunya durante la gestación, del programa "Ser Madre Hijo" de Mutual Ser (Atlántico), de septiembre de 2014 a junio de 2015. Unimetro 2016; 34 (60):41-47

## Figura 7.

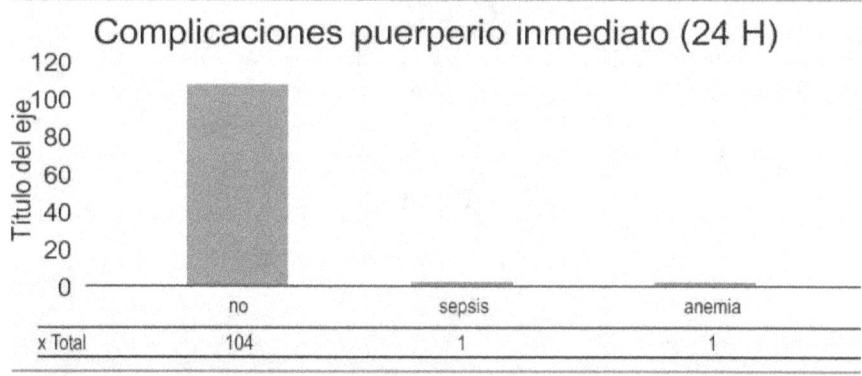

| x Total | 104 | 1 | 1 |
|---|---|---|---|

Fuente. Ortega N, Barraza A, Vidal J, Gamboa M, Orozco E, Vallejo C.Comportamiento de la enfermedad Chikungunya durante la gestación, del programa "Ser Madre Hijo" de Mutual Ser (Atlántico), de septiembre de 2014 a junio de 2015. Unimetro 2016; 34 (60):41-47

## Diagnóstico

El diagnóstico de Chikungunya es clínico, epidemiológico y de laboratorio. No existen hallazgos hematológicos patognomónicos de la infección por Chikungunya. Sin embargo hallazgos como ligera trombocitopenia (>100.000/mm), leucopenia, pruebas de función hepática, velocidad de sedimentación globular y proteína C reactiva elevadas pueden estar presentes.

El diagnóstico por laboratorio tiene 3 pilares: aislamiento del Virus de Chikungunya, su identificación mediante reacción en cadena de la polimerasa con transcriptasa inversa (útiles durante la primera semana), y la serología mediante ELISA. (19)

La secuencia de los biomarcadores según la aparición de síntomas se describe así: los 5 días iniciales anti-IgM, la anti-IgG se convierte en positiva entre día 7 y día 10, con un pico en el día 15.

Un diagnóstico precoz puede obtenerse por reacción en cadena de la polimerasa (RT-PCR) del ARN CHIKV. Las pruebas se realizan generalmente como sigue: RT-PCR entre día 0 y día 5. RT-PCR y serología entre día 5 y día 7, Sólo serología después de día 7. Se ha demostrado que la seroprevalencia del CHIKV es alta en las pacientes gestantes en áreas endémicas, aunque los casos reportados de fase aguda sean escasos. (20)

Al determinar el comportamiento de la enfermedad Chikungunya durante la gestación, en una IPS del departamento del Atlántico, de septiembre de 2014 a junio de 2015, a 20 pacientes les fue tomada la prueba confirmatoria en sangre (IgG), la cual fue positiva en 100% de los pacientes que les fue realizado, en la Figura 8 se comparan las pacientes que presentaron la prueba positiva con el resto que fue confirmado por clínica.

Esto es un hallazgo de gran importancia, ya que en periodos de alarma epidemiológica por enfermedades transmitidas por vectores, el diagnóstico clínico es de fundamental ayuda para el manejo oportuno, ya que en muchas ocasiones no hay disponibilidad de estas pruebas de laboratorio para confirmar un diagnóstico. (Figura 8)

## Diagnóstico diferencial

Las afecciones reumáticas, cuadros viriásicos y las enfermedades infecciosas (dengue, malaria, leptospirosis, infecciones por otros alfavirus), etc. Hacen parte del diagnóstico diferencial. (22)

**Figura 8.**

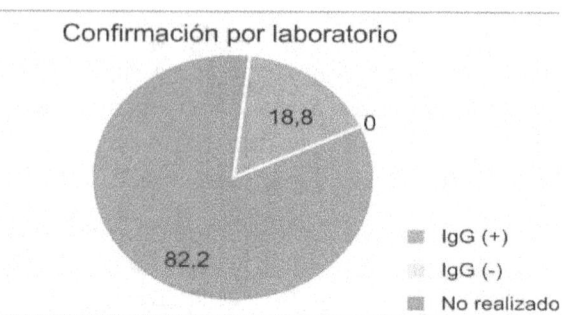

Confirmación por laboratorio

18,8    0

82.2

IgG (+)
IgG (-)
No realizado

Fuente. Ortega N, Barraza A, Vidal J, Gamboa M, Orozco E, Vallejo C.*Comportamiento de la enfermedad Chikungunya durante la gestación, del programa "Ser Madre Hijo" de Mutual Ser (Atlántico), de septiembre de 2014 a junio de 2015*. Universidad Metropolitana 2016

La respuesta de IgG adquirida de forma natural es dominada por anticuerpos IgG3 específicos sobre todo para un único epítopo lineal 'E2EP3'. El cual se encuentra en el extremo N-terminal de la glicoproteína E2 y prominente expuesta en la envoltura viral. E2EP3 anticuerpos específicos son neutralizantes y su eliminación del plasma reduce el título de anticuerpos-CHIKV hasta en un 80%, esto fue demostrado con muestras de plasma obtenidas durante los primeros años en la fase de convalecencia. (21)

## Tratamiento

Los hijos de madres sintomáticas en el periparto deben ser observados por al menos 7 días después del nacimiento, por el riesgo ya descrito que existe en el periparto de transmisión vertical durante el intercambio de sangre materna y fetal, que puede haber durante las contracciones.

Las embarazadas que ingresan en trabajo de parto deben ser atendidas en un nivel de mediana o alta complejidad, ingresar para valoración de acuerdo a las normas de atención al embarazo, parto y puerperio. Se debe garantizar abordaje en equipo obstetricia y pediatría durante el parto y la atención al recién nacido.

Se ha demostrado que la cesárea no es un factor protector en las pacientes infectadas por Chikungunya que se encuentren en fase aguda al momento del parto, de tal manera que esta enfermedad no confiere una indicación de cesárea, de ser requerida por condiciones obstétricas en lo posible se debe retardar cuando esta sea electiva, en madres febriles sospechosas. Solo utilizar acetaminofén para el manejo del dolor y la fiebre.

## Referencias bibliográficas

1.  1. CDC. OPS/OMS Preparación y respuesta ante la eventual introducción del virus Chikungunya en las Américas. Washington, D.C.: OPS, 2011. 159p.

2.  CDC. OPS/OMS Preparación y respuesta ante la eventual introducción del virus Chikungunya en las Américas. Washington, D.C.: OPS, 2011. 159p.

3.  Ministerio de Salud y Protección Social/ Instituto Nacional de Salud. Circular conjunta externa N° 014 de 2014. Instruciones para la detencion y alerta temprana ante la eventual introducción del virus de la fiebre Chikungunya en Colombia.

4.  Virus Chikungunya. www.minsalud.gov.co

5.  Academia Nacional de Medicina de Colombia. http://anmdecolombia.net/index.php/48-home/noticias1/258-fiebre-chikungunya

6.  Martínez M, Gómez S, Mercado M, Campo A, Alarcon A. Transmisión autóctona de chikungunya en Colombia, octubre de 2014. Ministerio de Salud y Protección social. IQEN, 2014; 19 (20): 312-38.

7.  Ortega N, Barraza A, Vidal J, Gamboa M, Orozco E, Vallejo C. Comportamiento de la enfermedad chikungunya durante la gestación, del programa "Ser Madre Hijo" De Mutual Ser (Atlántico, Colombia), de septiembre de 2014 a junio de 2015. Unimetro 2016,34 (60)44-5

8.  Manore CA, Hickmann KS, Xu S, Wearing HJ, Hyman JM. Comparing dengue and chikungunya emergence and endemic transmission in A. aegypti and A. albopictus. J Theor Biol. 2014

Sep 7; 356:174-91. DOI: 10.1016/j.jtbi.2014.04.033

9. Martínez M, Gómez S, Mercado M, Campo A, Alarcon A. Transmisión autóctona de chikungunya en Colombia, octubre de 2014. Ministerio de Salud y Protección social. IQEN, 2014; 19 (20): 312-38.

10. Ministerio de salud pública. Guía de manejo clínico para la infección por el virus Chikungunya. Santo Domingo, República Dominicana 2014.

11. Porta L. Fiebre Chikungunya Amenaza para la Región de las Américas. Rev Salud Militar. 2012; 31(1):25-33.

12. Porta L. Fiebre Chikungunya Amenaza para la Región de las Américas. Rev Salud Militar. 2012; 31(1):25-33.

13. Ministerio de Salud y Protección Social/ Instituto Nacional de Salud. Circular conjunta externa N° 014 de 2014. Instruciones para la detencion y alerta temprana ante la eventual introducción del virus de la fiebre Chikungunya en Colombia.

14. Robillard P, Boumahni B, Gérardin P, Michault A, Fourmaintraux A, Schuffenecker I. et al. Transmission verticale materno-foetale du virus chikungunya: Dix cas observés sur l'île de la Réunion chez 84 femmes enceintes. La Presse Medicale. 2006; 35(5): 785-8. DOI: 10.1016/S0755-4982(06)74690-5

15. Robillard P, Boumahni B, Gérardin P, Michault A, Fourmaintraux A, Schuffenecker I. et al. Transmission verticale materno-foetale du virus chikungunya: Dix cas observés sur l'île de la Réunion chez 84 femmes enceintes. La Presse Medicale. 2006; 35(5): 785-8. DOI: 10.1016/S0755-4982(06)74690-5

16. Gérardin P, Barau G, Michault A, Bintner M, Randrianaivo H, Choker G, et al. Multidisciplinary Prospective Study of Mother-to-Child Chikungunya Virus Infections on the Island of La Réunion. PLoS Med. 2008;18;5(3):e60. DOI: 10.1371/journal.pmed.0050060.

17. Watanaveeradej V, Endy TP, Simasathien S, Kerdpanich A, Polprasert N, Aree C, et al. Transplacental Chikungunya Virus Antibody Kinetics,Thailand. Emerg Infect Dis. 2006 ;12 (11):1770-2.

18. Porta L. Fiebre Chikungunya Amenaza para la Región de las

Américas. Rev Salud Militar. 2012; 31(1):25-33.

19. Sudeep AB, Parashar D. Chikungunya: an overview. J Biosci. 2008; 33(4):443-9.

20. Simon F, Javelle E, Cabie A, Bouquillard E, Troisgros O, Gentile G, et al. French guidelines for the management of chikungunya (acute and persistent presentations). November 2014 Med Mal Infect. 2015;45(7):243-63. DOI: 10.1016/j.medmal.2015.05.007

21. Kam YW, Lum FM, Teo TH, Lee WW, Simarmata D, Harjanto S, et al. Early neutralizing IgG response to Chikungunya virus in infected patients targets a dominant linear epitope on the E2 glycoprotein. EMBO Mol Med 4 (4), 330–43. DOI: 10.1002/emmm.201200213

22. Centro de Coordinación de Alertas y Emergencias Sanitarias. Brote de fiebre Chikungunya en la Región de las Américas. Evaluación rápida del riesgo para España. 2014;6: 1-7

# Respuesta inmunitaria ante la infección por el virus Chikungunya

Ana María Segura, Jecenia Vidal Martínez,

Alfonso Cepeda Sarabia, Sara Villalba

## Introducción

Ante una infección viral, el huésped, desarrolla una respuesta inmunitaria específica, que evoluciona, cumpliendo etapas, de acuerdo a la vía de penetración y a las características morfológicas del microrganismo viral infectante. La infección por el virus Chikungunya (CHIKV), se adquiere por la picadura del mosquito hembra *Aedes aegypti o Aedes albopictus*. (1,2)

El virus penetra en los capilares subcutáneos, iniciando su replicación en los macrófagos, los fibroblastos y las células endoteliales, desde donde es transportado a los ganglios linfáticos adyacentes al inóculo, difundiéndose, por la circulación, a tejidos y órganos como hígado, músculos y articulaciones. (3,4)

La mayoría de los pacientes infectados, presentan manifestaciones agudas, subagudas, y crónicas, aunque del 3% al 12% cursan procesos, físicamente, asintomáticos (5,6). Durante el período de incubación, que es silencioso (2 a 4 días), interviene el sistema inmunitario innato (7,8,9,10), y tiempo después, la respuesta inmunitaria es específica, la cual, es responsable de la liberación de interferones, citocinas y quimiocinas. (11)

En la mayoría de los casos, logran un barrido inicial del virus, esta respuesta fisiológica ha sido ratificada en diversas publicaciones, las células naturalmente asesinas, también pueden colaborar, en el barrido inicial del virus infectante (12,13) estos son los casos, en los cuales, la única forma de diagnosticar la infección, es por la detección serológica del virus. Durante la respuesta inflamatoria inicial, se produce, el interferón 1α, el cual, al unirse a su receptor de superficie celular, produce la activación de tirosinquinasas, que conducen a la producción de varias enzimas inhibidoras de la replicación del virus en las células infectadas, que han escapado a la acción de las NK (células asesinas naturales). (14,15,16)

El ácido nucleico viral, induce la secreción de interferón 1β, que al unirse a su receptor de superficie celular, libera enzimas que frenan la síntesis proteica, inhibiendo la traducción del ARN viral y degradando de esta manera el ARN mensajero viral.

La producción del interferón γ, es mediada por linfocitos T activados por antígenos que le son presentados; este interferón actúa sobre células NK, macrófagos, linfocitos T y B, modificando la producción de anticuerpos.

Posteriormente se desarrolla la respuesta inmunitaria específica, con liberación de Citocinas, que atraen leucocitos al sitio de la replicación viral. (17,18, 19). La inmunidad celular está mediada por linfocitos T citotóxicos (CTL CD8+), encargados de neutralizar y destruir las células infectadas, mediante la liberación de enzimas, previa unión del receptor de membrana T CD8+, con el Complejo Mayor de Histocompatibilidad I (HLA I) en la superficie de células infectadas. (20)

La respuesta linfocitaria T CD4+ (LTh), se basa, en la liberación de interleucinas (IL) específicas, que diferencian dos subpoblaciones linfocitarias, LTh1 y LTh2. Las células Th1 producen: IL2, Interferón gamma (INFγ), Factor de necrosis Tumoral (TNFα), con características proinflamatorias. Las células Th2, secretan IL4, IL5, IL6 y la IL10 y promueven la producción de anticuerpos mediada por los linfocitos B. (21,22)

Durante la fase aguda de la infección por el CHIKV, hay elevación del interferón alfa (INFα), mediada por la interleucina (IL) 1, IL-2 y TNFα. El IFNα, es producido por Linfocitos T, linfocitos B, macrófagos, fibroblastos, células endoteliales, células NK y osteoblastos entre otros, sus efectos antivirales incluyen, la inhibición de la replicación viral, la activación de macrófagos y células NK.

Los efectos del INFα, son potenciados por el INFγ, una vez

24

es secretado por las células Th1 activadas. Los síntomas como el dolor muscular y la fiebre están relacionados con la producción de interferones. (23,24,25)

Considerando que la respuesta inmunitaria, regula el control de la enfermedad, ésta dependerá de la situación inmunitaria subyacente en cada paciente (26,27,28). La caracterización inmunológica de los pacientes infectados con CHIKV, permite el análisis de su respuesta inmunitaria, durante ésta condición, relacionando, probablemente los casos de artralgias más graves, como el resultado de un defecto en los mecanismos de defensa. (29,30,31,32)

En los procesos virales, la respuesta inmunitaria, es predominantemente, marcada por interleucinas pro inflamatorias, por esta razón, los investigadores, incluyeron, las interleucinas. La persistencia de los síntomas, por tiempo mayor de 8 días y detectada hasta los 3 meses, obliga a seguir esta investigación, por períodos superiores a los 3 meses, para demostrar la cronicidad de esta patología, evaluando la persistencia de dolores articulares y de interleucinas pro inflamatorias, lo cual ha sido propuesto, en otras investigaciones. (33, 34, 35,36)

En una población del Caribe Colombiano de pacientes infectados por el virus del Chikungunya (2014-2015) se presentaron las siguientes interleucinas: Inter 1B, Inter 2- Inter 6- Inter 8- Inter 10- Inter 12- Inter 17- FNTα- INFγ- INFα. (Tabla 1)

**Tabla1.** Interleucinas proinflamatorias aplicadas al estudio

| Interleucinas | Promedio | IC 95% para la Concentración Promedio | | Control Sano Pg./ml | Valores por encima | Valores por debajo | Veces más alto |
|---|---|---|---|---|---|---|---|
| Inter 1B | 53,2 | 44,1 | 62,4 | 0,3-10 | X | | 5,32 |
| Inter 2 | 62,3 | 42,8 | 81,9 | 0,3-10 | X | | 6,23 |
| Inter 6 | 38,5 | 27,0 | 50,0 | 0,3-25 | X | | 1,54 |
| Inter 8 | 35,4 | 25,0 | 45,8 | 5-15 | X | | 2,36 |
| Inter 10 | 20,2 | 18,4 | 22,0 | 0,5-15 | X | | 1,34 |
| Inter 12 | 27,0 | 20,0 | 33,9 | 20-85 | | X | |
| Inter 17 | 214,1 | 188,9 | 239,3 | 0-84 | X | | 2,55 |
| FNTα | 57,3 | 44,5 | 70,1 | 9,5-22 | X | | 2,6 |
| INFγ | 59,3 | 53,0 | 65,6 | 0,3-10 | X | | 5,93 |
| INFα | 52,8 | 42,1 | 63,6 | 1-55 | | X | |

Fuente: Plantilla de seguimiento de resultados de laboratorio de la FHUM

En una población del Caribe Colombiano de pacientes infectados por el virus del Chikungunya (2014-2015), se incluyeron pacientes, en un estado sub agudo de la infección, tipificados con Inmunoglobulina G. No hubo pacientes, expresando serológicamente Inmunoglobulina M.

En esta investigación que se toma como referencia, se quiso explorar, si la patología y manifestaciones clínicas de la infección por este virus, comparte clínicamente y serológicamente, con un proceso reumatológico autoinmunitario, y si sus marcadores inmunológicos, eran compatibles con una artritis reumatoidea o con algún otro cuadro reumatológico.

Igualmente, se intenta investigar si aquéllos pacientes tuvieron un estado pre mórbido de autoinmunidad, antes de la infección por CHIKV, eran los que padecían, unas manifestaciones clínicas más severas; esta hipótesis, es más aplicable a aquéllos pacientes, en los cuáles, la sintomatología de artralgias persistiera por mucho tiempo, después de haber "superado" la infección.

Para descartar autoinmunidad, en el estudio de laboratorio, se incluyeron las pruebas ANA (Anticuerpos antinucleares), anti DNA, Factor reumatoide y anticuerpos anti Citrulina. En los pacientes evaluados, el 85.7 % fueron negativos para ANA, solo dos pacientes, tuvieron títulos mayores, a una dilución 1/80. Un solo paciente, presentó anti DNA positivo.

Los resultados de factor reumatoide y anticuerpos anti Citrulina, mostraron negatividad en el 98.8% de los pacientes. Se consideró que los resultados obtenidos, descartaban, por el momento, la hipótesis de que la infección por el virus Chikungunya, fuera generadora de autoinmunidad.

Estos investigadores proponen, seguir evaluando, la posibilidad de autoinmunidad, periódicamente al menos, mientras persista la sintomatología reumatológica.

## Discriminación de las Interleucinas

La interleucina 17, es un buen marcador de la respuesta inmunitaria antiviral, en el caso de la infección por CHIKV se expresa en un 98.6% de los pacientes (Figura 1).

**Figura 1.** Interleucina 17 (IL-17)

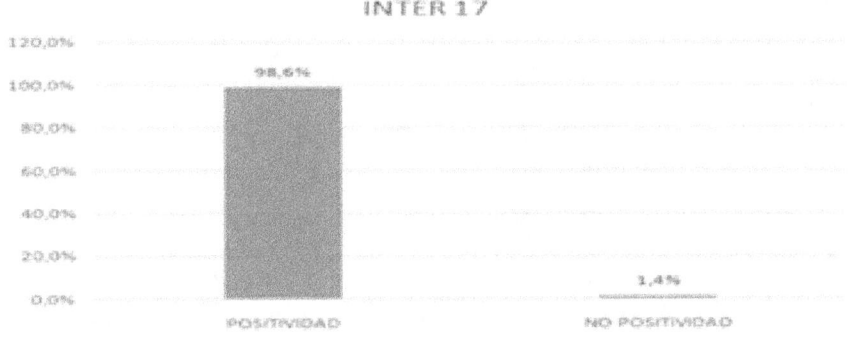

Fuente: Formato de seguimiento de resultados de laboratorio de FHUM.

El Factor de necrosis tumoral α se expresa en un 86.2% de los pacientes, coincidiendo con el aumento de interleucinas en respuesta a infección viral, aún en un estado sub agudo (Figura 2).

**Figura 2.** Factor de Necrosis Tumoral α

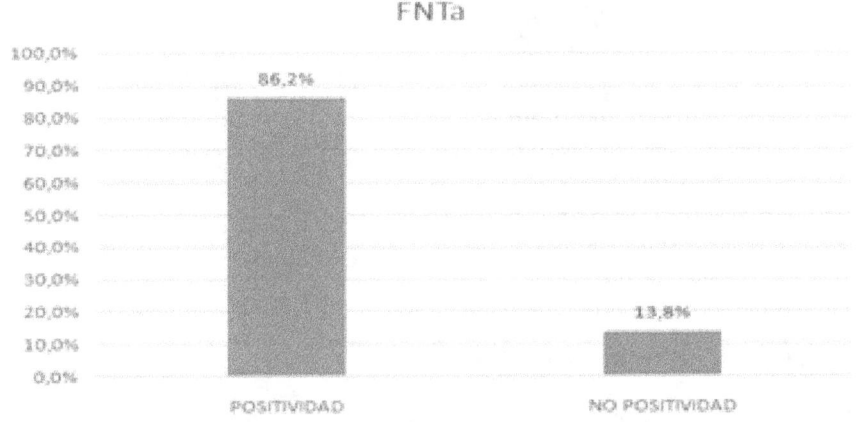

Fuente: Plantilla de seguimiento de resultados de laboratorio de la FHUM

El 95% de los pacientes investigados, expresaron un aumento en la interleucina 8, se cumple lo esperado en una infección de tipo viral, aún en un estado sub agudo de la infección (Figura 3).

## Figura 3. Interleucina 8

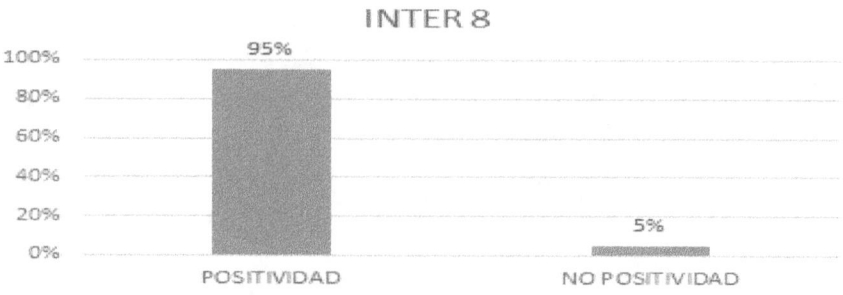

Fuente: Plantilla de seguimiento de resultados de laboratorio de la FHUM

La interleucina 10, se expresó en un 70% de los pacientes, cumple con los parámetros de positividad en la infección por virus, aún en estado sub agudo de la infección (Figura 4).

## Figura 4. Interleucina 10

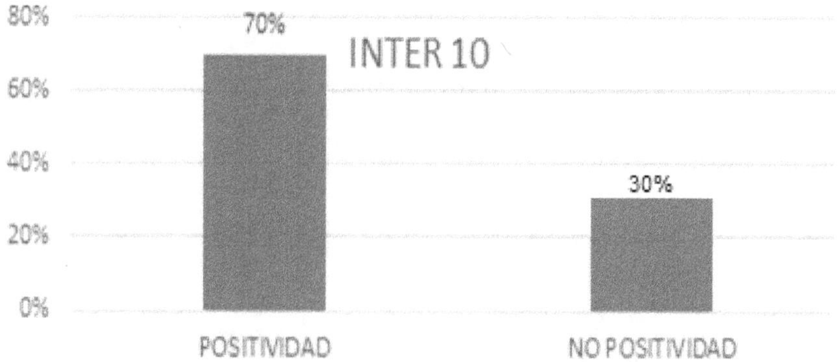

Fuente: Plantilla de seguimiento de resultados de laboratorio de la FHUM

## Discriminación de Interferones

Los interferones intervienen controlando la replicación de los virus, especialmente, en la fase aguda de la infección, en este caso, el interferón alfa, que debería estar muy elevado, solo se expresó en un 33.3 %, demostrando que estos pacientes se encuentran en estado sub agudo de la infección (Figura 5).

**Figura 5**. Interferones α

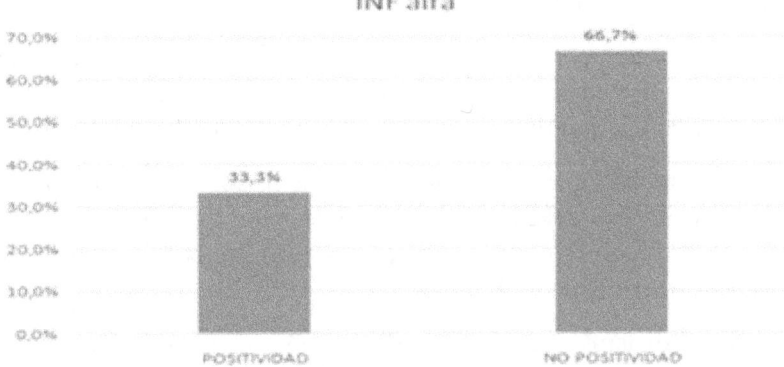

Fuente: Plantilla de seguimiento de resultados de laboratorio de la FHUM

El interferón γ, es el precursor de la inmunidad antiviral, se encontró positivo en un 98.9% de los casos evaluados. Aún en un estado sub agudo de la infección viral sostiene una actividad anti replicación viral intensa.

**Figura 6.** Interferón γ

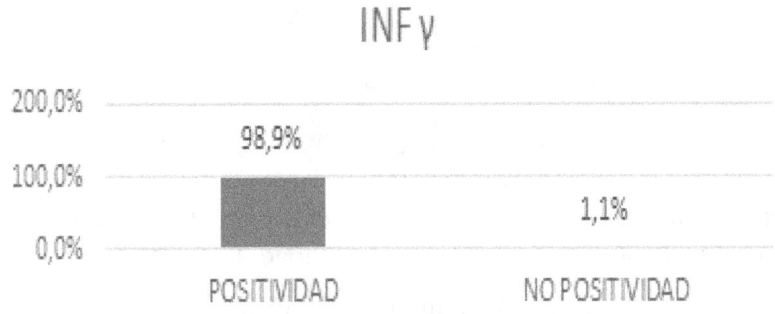

Fuente: Plantilla de seguimiento de resultados de laboratorio de la FHUM

## Alteración de la respuesta inmunitaria en los infectados.

En el curso de la infección por CHIKV se ha encontrado una depresión de la respuesta inmunitaria, la cual, ha dependido de las poblaciones y sub poblaciones linfocitarias; en esta investigación, sin embargo, la fórmula linfocitaria CD4/CD8 se mantiene, a favor de los linfocitos CD4, y con un índice mayor de 1, contrario a lo que ocurre en la infección por el HIV, en la cual predomina la subpoblación CD8.

Por lo tanto, en la infección por CHIKV, se conserva la capacidad funcional del sistema linfocitario, en el sentido de conservar, la capacidad de producir respuestas específicas. (37)

El disbalance linfocitario es transitorio, en el caso de CHIKV. En el caso del HIV, al predominar los linfocitos T CD8, se produce un efecto supresor de la inmunidad, asociado a infecciones oportunistas. (38,39)

Los linfocitos T CD4+ cel/mm3 se encontraron con valores inferiores a 300 células (Vr. 300-1400 cel/mm3) en el 63% de la población analizada, con un rango de 119 a 300 células, y en el 37% restante, los linfocitos T CD4+ estaban dentro de los parámetros normales (Tabla. 2).

**Tabla 2.** Linfocitos T CD4

| Rango cel/mm3 | Frecuencia | Frecuencia Relativa |
|---|---|---|
| 119-300 | 69 | 63% |
| 300 - 1400 | 40 | 37% |
| > 1400 | 0 | 0% |

Fuente: Plantilla de seguimiento de resultados de laboratorio de la FHUM

Los linfocitos T Citotóxicos CD8+, se expresaron en menos de 200 cel/mm3 (Vr. 200-900 cel/mm3) en el 71% de la población, con intervalo de 70 a 200 células, y el 29% restante, estuvo dentro de los parámetros de normalidad. (Tabla3).

**Tabla 3.** Linfocitos T CD8

| Rango cel/mm3 | Frecuencia | Frecuencia Relativa |
|---|---|---|
| 70- 200 | 77 | 71% |
| 200 - 900 | 32 | 29% |
| > 900 | 0 | 0% |

Fuente: Plantilla de seguimiento de resultados de laboratorio de la FHUM

En cuanto al análisis de la relación linfocitos CD4/CD8, el 51% de la población, presentó valores entre 1 - 2.5 respecto al grupo control sano (Vr. 1.5-2.5), pero en ningún caso un índice por debajo de 1, lo cual significa, un equilibrio de la subpoblación de linfocito CD4 respecto a linfocitos CD8, el 9% presentaron un índice superior a 2.5 y la población restante (39%) estuvo dentro del valor de referencia. (Tabla 4).

**Tabla 4.** Índice Linfocitario CD4/CD8

| CD4+/CD8+ | Frecuencia | Frecuencia relativa |
|-----------|------------|---------------------|
| <1        | 0          | 0%                  |
| 1- 1,5    | 56         | 51%                 |
| 1,5 - 2,5 | 43         | 39%                 |
| > 2,5     | 10         | 9%                  |

Fuente: Plantilla de seguimiento de resultados de laboratorio de la FHUM

Las poblaciones y subpoblaciones de linfocitos T, se encontraron disminuidas respecto a los valores del grupo control sano (Vr) de cada marcador analizado. El 95% de la población, expresó menos de 700 linfocitos T CD3+/mm3, con un intervalo de 246 a 700 células (Vr. 700-2100 cel/mm3), la población restante (5%) estuvo dentro de los parámetros normales. (Tabla 5).

**Tabla 5.** Linfocitos T CD3 +

| Rango      | Frecuencia | Frecuencia relativa |
|------------|------------|---------------------|
| 246-700    | 104        | 95%                 |
| 700 - 2100 | 5          | 5%                  |
| > 2100     | 0          | 0%                  |

Fuente: Plantilla de seguimiento de resultados de laboratorio de la FHUM

Ante este disbalance linfocitario surge la propuesta de que debido a la etapa sub aguda que cumplen los pacientes investigados, el déficit de linfocitos, puede deberse a que estas células están fijas en tejido y una menor cantidad circulando en sangre periférica.

Lo importante de este hallazgo es que, aunque

numéricamente, las subpoblaciones linfocitarias están disminuidas, la proporción 2/1 en las subpoblaciones CD4/CD8 se cumple, con la posibilidad de conservar la capacidad de respuesta específica. (41,42)

## Referencias bibliográficas

1. Erin J, Fischer M. Chikungunya virus in the Americas-what a Vector borne pathogen can do. N Engl J Med. 2014;371:887–9 DOI: 10.1056/NEJMp1407698

2. CDC. Chikungunya Virus: Information for healthcare providers. [revisado) 22 Jul 2014; consultado 5 Nov 2015]. Disponible en: http:/www.cdc.gov/chikungunya/pdfs/CHIKV Clinicians.pdf

3. Tsetsarkin K, Chen R, Sherman M, Weaver S. Chikungunya virus: evolution and genetic determinants of emergence. Curr Opin Virol. 2011;1 (4):310–7. DOI: 10.1016/j.coviro.2011.07.004

4. Gould EA, Coutard B, Malet H, Morin B, Jamal S, Weaver S, et al. Understanding the alphaviruses: recent research on important emerging pathogens and progress towards their control. Antiviral Res. 2010;87(2)111–24. DOI: 10.1016/j.antiviral.2009.07.007

5. Pialoux G, Gauzere B, Jaureguiberry S, Strobel M. Chikungunya, an epidemic arbovirosis. Lancet Infect Dis. 2007;7(5):319–27 DOI:10.1016/S1473-3099(07)70107-X

6. Sissoko D, Malvy D, Ezzedine K, Renault P, Moscetti F, Ledrans M, et al. Post-epidemic Chikungunya disease on Reunion Island: course of Rheumatic Manifestations and Associated Factors over a 15-Month Period. PLoS Negl Trop Dis. 2009;3(3):e389. DOI: 10.1371/journal.pntd.0000389

7. Mohan A, Kiran D, Manohar I, Kumar D. Epidemiology, clinical manifestations, and diagnosis of Chikungunya fever: lessons learned from the re-emerging epidemic. Indian J Dermatol. 2010;55(1):54–63. DOI: 10.4103/0019-5154.60355.

8. Wauquier N, Becquart P, Nkoghe D, Padilla C, Ndjoyi-Mbiguino A, Leroy EM. The acute phase of Chikungunya virus

infection In humans is associated with strong innate immunity and T CD8 cell activation. J Infect Dis. 2011;204(1):115–23. DOI: 10.1093/infdis/jiq006

9.  Venugopalan A, Ghorpade R, Chopra A. Cytokines in acute chikungunya. PLoS One. 2014 24;9(10):e111305. DOI: 10.1371/journal.pone.0111305

10. Hoarau J, Jaffar Bandjee M, Krejbich Trotot P, Das T, Li-Pat-Yuen G, Dassa B, et al. Persistent chronic inflammation and infection by Chikungunya arthritogenic alphavirus in spite of a robust host immune response. J Immunol. 2010;184(10):5914–27. DOI: 10.4049/jimmunol.0900255.

11. Alla S, Combe B. Arthritis after infection with Chikungunya virus. Best Pract Res Clin Rheumatol. 2011;25(3):337–46. DOI: 10.1016/j.berh.2011.03.005.

12. Kelvin A, Banner D, Silvi G, Moro M, Spataro N, Gaibani P, Et al. Inflammatory cytokine expression is associated with Chikungunya virus resolution and symptom severity. PLoS Negl Trop Dis. 2011;5(8):e1279. DOI: 10.1371/journal.pntd.0001279

13. Tripathy A, Tandale B, Balaji S, Hundekar S, Ramdasi A, Arankalle V. Envelope specific T cell responses & cytokine profiles in chikungunya patients hospitalized with different clinical presentations. Indian J Med Res. 2015;141(2):205–12.

14. Chopra A, Saluja M, Venugopalan A. Effectiveness of Chloroquine and inflammatory cytokine response in patients with early persistent musculoskeletal pain and arthritis following chikungunya virus infection. Arthritis Rheumatol. 2014;66(2):319–26. DOI: 10.1002/art.38221.

15. Reddy V, Mani RS, Desai A, Ravi V. Correlation of plasma viral Loads and presence of Chikungunya IgM antibodies with cytokine/chemokine levels during acute Chikungunya virus infection. J Med Virol. 2014;86(8):1393–401. DOI: 10.1002/jmv.23875

16. Chopra A, Saluja M, Venugopalan A. Effectiveness of Chloroquine and inflammatory cytokine response in patients With early persistent musculoskeletal pain and arthritis Following chikungunya virus infection. Arthritis Rheumatol. 2014;66(2):319–26, 2014. DOI: 10.1002/art.38221.

17. Gasque P, Couderc T, Lecuit M, Roques P, Ng LF. Chikungunya Virus pathogenesis and immunity. Vector Borne Zoonotic Dis. 2015;15(4):241–9. DOI: 10.1089/vbz.2014.1710.

18. Teo T, Her Z, Tan J, Lum F, Lee W, Chan Y, et al. Caribbean and La Réunion Chikungunya Virus Isolates Differ in Their Capacity To Induce Proinflammatory Th1 and NK Cell Responses and Acute Joint Pathology. J Virol. 2015;89(15):7955–69. DOI: 10.1128/JVI.00909-15

19. Hawman D, Stoermer K, Montgomery S, Pal P, Oko L, Diamond M, et al. Chronic joint disease caused by persistent Chikungunya virus infection is controlled by the adaptive immune response. J Virol. 2013;87(24):13878–88. DOI: 10.1128/JVI.02666-13.

20. Poo Y, Rudd P, Gardner J, Wilson J, Larcher T, Colle M, et al. Multiple Immune Factors Are Involved in Controlling Acute and Chronic Chikungunya Virus Infection. PLoS Negl Trop Dis. 2014;8(12):e3354.

21. Chow A, Her Z, Ong E, Chen J, Dimatatac F, Kwek D, et al. Persistent arthralgia induced by Chikungunya virus infection is associated with interleukin-6 and granulocyte macrophage colony-stimulating factor. J Infect Dis. 2011;203(2):149–57. DOI: 10.1093/infdis/jiq042.

22. Chaaitanya I, Muruganandam N, Sundaram S, Kawalekar O, Sugunan A, Manimunda S, et al. Role of proinflammatory cytokines and chemokines in chronic arthropathy in CHIKV infection. Viral Immunol. 2011;24(4):265–71. DOI: 10.1089/vim.2010.0123.

23. Rashad AA, Mahalingam S, Keller PA. Chikungunya virus: emerging targets and new opportunities for medicinal chemistry. J. Med. Chem. 2014;57(4):1147–66. DOI: 10.1021/jm400460d.

24. Ribéra A, Degasne I, Jaffar Bandjee M, Gasque P. Chronic rheumatic manifestations following chikungunya virus infection: clinical description and therapeutic considerations. Med Trop (Mars). 2012;72:83–5.

25. Waymouth HE, Zoutman DE, Towheed TE. Chikungunya-related arthritis: case report and review of the literature. Semin Arthritis Rheum. 2013;43(2):273–8. doi:

10.1016/j.semarthrit.2013.03.003

26. Dupuis-Maguiraga, Noret M, Brun S, Le Grand R, Gras G, Roques P. Chikungunya disease: infection-associated markers From the acute to the chronic phase of arbovirus-induced arthralgia. PLoS Negl Trop Dis. 2012;6(3):e1446. DOI: 10.1371/journal.pntd.0001446.

27. Essackjee K, Goorah S, Ramchurn S, Cheeneebash J, Walker-Bone K. Prevalence of and risk factors for chronic Arthralgia and rheumatoid-like polyarthritis more than 2 Years after infection with chikungunya virus. Postgrad Med J. 2013;89(1054):440–7. DOI: 10.1136/postgradmedj-2012-131477.

28. Rajapakse S, Rodrigo C, Rajapakse A. Atypical manifestations of chikungunya infection. Trans R Soc Trop Med Hyg. 2010;104(2):89–96. DOI: 10.1016/j.trstmh.2009.07.031

29. Schilte C, Staikowsky F, Couderc T, Madec Y, Carpentier F, Kassab S, et al. Chikungunya virus-associated long-term arthralgia: a 36-month prospective longitudinal study. PloS. Negl. Trop. Dis. 2013;7(3):e2137. DOI: 10.1371/journal.pntd.0002137

30. Chaaitanya I, Muruganandam N, Sundaram S, Kawalekar O, Sugunan A, Manimunda S, et al. Role of proinflammatory cytokines and chemokines in chronic arthropathy in CHIKV infection. Viral Immunol. 2011;24(4):265–71. DOI: 10.1089/vim.2010.0123.

31. Chow A, Her Z, Ong E, Chen J, Dimatatac F, Kwek D, et al. Persistent arthralgia induced by Chikungunya virus infection Is associated with interleukin-6 and granulocyte macrophage colony-stimulating factor. J Infect Dis. 2011;203(2):149–57. DOI: 10.1093/infdis/jiq042.

32. Dupuis-Maguiraga L, Noret M, Brun S, Le Grand R, Gras G, Roques P. Chikungunya disease: infection-associated markers From the acute to the chronic phase of arbovirus-induced arthralgia. PLoS Negl Trop Dis. 2012;6(3):e1446. DOI: 10.1371/journal.pntd.0001446.

33. Schaible H, von Banchet G, Boettger M, Brauer R, Gajda M, Richter F, et al. The role of proinflammatory cytokines in the

Generation and maintenance of joint pain. Ann N Y Acad Sci. 2010;1193:60–9. DOI: 10.1111/j.1749-6632.2009.05301.x.

34. Renault P, Solet JL, Sissoko D, Balleydier E, Larrieu S, Filleul L, et al. A major epidemic of chikungunya virus infection on Reunion Island, France, 2005-2006. Am J Trop Med Hyg. 2007;77(4):727–31.

35. Klareskog L, Catrina AI, Paget S. Rheumatoid arthritis. Lancet. 2009;373(9664):659–72. DOI: 10.1016/S0140-6736(09)60008-8

36. Tournebize P, Charlin C, Lagrange M. Neurological manifestations in Chikungunya: about 23 cases collected in Reunion Island. Rev Neurol. 2009;165(1):48–51. DOI: 10.1016/j.neurol.2008.06.009.

37. Win M, Chow A, Dimatatac F, Go C, Leo Y. Chikungunya fever In Singapore: Acute clinical and laboratory features, and Factors associated with persistent arthralgia. J Clin Virol. 2010; 49(2):111–4. DOI: 10.1016/j.jcv.2010.07.004

38. Aletaha D, Neogi T, Silman AJ, Funovits J, Felson DT, Bingham CO 3rd, et al. 2010 rheumatoid arthritis classification criteria: an American College of Rheumatology/European League Against Rheumatism collaborative initiative. Arthritis Rheum. 2010;62(9):2569–81. DOI: 10.1002/art.27584

39. Ortiz L, Arévalo M, Rosales D. ARTRITIS REUMATOIDE: ALGUNOS ASPECTOS INMUNOLÓGICOS. Revista Médica de la Extensión Portuguesa. 2010; 4(2):42–56.

40. Fausther-Bovendo H, Wauquier N, Cherfils-Vicini J, Cremer I, Debré P, Veillard V, et al. NKG2C is a major triggering receptor involved in the V[delta]1T cell mediated cytotoxicity against HIV-infected CD4 T cells. AIDS. 2008; 22(2):217–26.

41. Dokun A, Kim S, Smith H, Kang H, Chu D, Yokoyama W. Specific and nonspecific NK cell activation during virus Infection Nat Immunol. 2001;2(10):951–6. DOI:10.1038/ni714

42. Saeidi A, Buggert M, Che K, Kong Y, Velu V, Larsson M, et al. Regulation of CD8 + T-cell cytotoxicity in HIV-1 infection. Cell Immunol. 2015;298(1-2):126–33. DOI: 10.1016/j.cellimm.2015.10.009

# Aspectos en salud pública del virus del Chikungunya

Álvaro Santrich Martínez, Jorge Bilbao Ramírez

## Introducción

La infección por el virus de Chikungunya (CHIKV) se ha convertido en una epidemia en la Región Caribe colombiana, Barranquilla no escapa a estas estadísticas, por tanto, la preocupación entre la comunidad y autoridades de salud, es notoria. La enfermedad, Chikungunya, se empezó a monitorear en septiembre de 2014 y al cierre del 10° periodo epidemiológico habían ocurrido 14.936 casos, cifra que a 2015 se multiplicó prácticamente por 14. (1)

Bolívar, según el Instituto Nacional de Salud (INS), fue el departamento de la Región Caribe con mayor número de personas con diagnóstico de Chikungunya, con aproximadamente 30.834 casos, superando a los departamentos de Norte de Santander, Tolima, Huila y Sucre. Bolívar se encuentra ubicado en la zona geográfica" por donde entró el virus al país en el 2014 y en la que se ha expandido de norte a sur y de oriente a occidente." (2)

El Ministerio de Salud y Previsión Social, en la primera fase de ataque del virus, proyectó que entre 900.000 y 1.000.000 de personas se verían afectadas en el país, calculándose posteriormente en 200.000 los casos de Chikunguya, con el agravante que los dolores articulares que caracterizan el cuadro clínico de la enfermedad se convirtieron en un problema de salud pública por la alta demanda de atención médica y de analgésicos. (3)

En recientes publicaciones se muestra que entre el 88 y el 100 por ciento de las personas presentaron algún compromiso articular, calculándose, entre ellos, que al pasar la fase aguda, un 30 por ciento permanecieron con dolor articular de forma periódica o permanente, cuya duración sintomática articular tiene un tiempo promedio que puede estimarse entre tres y cinco años después de la infección, quedando entre el 10 y el 12 por ciento con secuelas. (4)

Los signos y los síntomas de la enfermedad por CHIKV, en muchos casos son inespecíficos, prevaleciendo entre ellos la sintomatología articular, sin embargo, la exactitud del diagnóstico clínico es limitada, por lo que se requiere una tamización poblacional mediante la medición aislada de serología, la cual se constituye en la prueba propuesta para la realización de la presunción diagnóstica.

La enfermedad de CHIKV es una entidad frecuente en Barranquilla, la carencia de datos exactos epidemiológicos de esta patología en la Costa Caribe y en particular en esta ciudad, motivan a Instituciones de Educación Superior (IES), e investigadores a la búsqueda de conocimientos científicos sobre el comportamiento de esta patología.

En atención a lo expuesto, conforme a sus fines misionales, la Universidad Metropolitana, la FHUM y el centro Reumatológico y Ortopédico de Barranquilla, quisieron ser parte activa en la Investigación sobre el comportamiento de esta enfermedad, para lo cual ha abordado la construcción de respuestas a preguntas, entre los cuales se encuentran, los referidos a los factores pronósticos, la presentación y severidad de las sintomatología clínica y cambios en el estado inmunológico, así como su relación con variables sociodemográficas, aspecto este último que se aborda en esta investigación.

La fiebre Chikungunya es transmitida al humano mediante la picadura de un vector infectado con el virus Chikungunya (CHIKV). Estos vectores transmisores son mosquitos (*Aedes aegypti, Aedes albopictus*), en la transmisión del dengue. (5)

El reciente brote "del CHIKV ha aumentado la preocupación y el interés respecto al impacto de este virus sobre la salud pública, debido a su repercusión" en la salud humana y a la intensa transmisión con tendencia creciente. Un factor favorecedor de la transmisibilidad, es la amplia distribución geográfica de los mosquitos por las condiciones de clima, temperatura y humedad existentes en países tropicales, como Colombia.

Un número variable de manifestaciones clínicas asociadas

con la infección por CHIKV, pueden ser descritas como una afección auto inmunitaria y/o reumática, o pueden ser atribuibles a enfermedades infecciosas como: dengue, malaria y fiebre amarilla, entre otras. Por lo cual, en zonas de alta distribución de los vectores como en la región Caribe, es importante considerar el diagnóstico diferencial entre la fiebre Chikungunya y el dengue, en pacientes que presenten cuadros reumatológicos no bien definidos.(6)

## Materiales y métodos

Se realizó un estudio descriptivo, longitudinal, prospectivo, en pacientes atendidos durante el período del estudio, en el FHUM y/o en las instituciones con convenio docencia-servicio, clasificados como caso sospechoso de Chikungunya o confirmado (seroconversión IgG, presencia de IgM específica).

El estudio se realizó en las instalaciones de la Universidad Metropolitana, la Fundación Hospital Universitario Metropolitano (F.H.U.M) y el Centro de Reumatología y Ortopedia durante el primer y segundo semestre del 2015.

Se hizo un estudio poblacional, tomando el 100% de la población que consultó por sintomatología compatible con fiebre de Chikungunya, utilizando como criterios de Inclusión los siguientes:

- Paciente clasificado como caso sospechoso (fiebre mayor a 38.5 °C, artralgia severa o artritis de comienzo agudo), sin otra condición médica que lo explique.

- Pacientes con concentraciones crecientes de IgG específica anti-Chikungunya positiva detectados por ELISA.

- Pacientes con resultados para IgM específica anti-Chikungunya positiva detectada por ELISA.

- Los Criterios de Exclusión:

- Pacientes con diagnóstico establecido de enfermedad reumatológica.

- Pacientes con resultados positivos para: FR (Factor reumatoideo), ANA (Anticuerpos antinucleares mayor

1/160), VSG, ASTO y Ácido Úrico.

- Paciente que no firme el consentimiento informado, previa explicación y solicitud por parte del médico tratante.

La Fuente de información fue primaria, obtenida en la anamnesis y examen físico al paciente atendido en el servicio de urgencias y/o consulta externa de la FHUM y/o otras IPS, con las cuales tuviese Convenio Docencia Servicios la Universidad Metropolitana.

El estudio dado su corte descriptivo, se enfocó en técnicas estadísticas descriptivas e inferenciales, utilizando intervalos de confianza para los valores promedios o proporciones. Además, se buscó identificar posibles perfiles de los pacientes, aplicando un Análisis Clúster para identificar los grupos de pacientes o Clúster, según los resultados recogidos con la herramienta de medición.

La recolección de los datos se hizo mediante un formulario diseñado para tal fin, en pacientes mayores de 18 años que no tuvieran antecedentes de artropatía, lupus eritematoso sistémico, dengue o alguna otra enfermedad de base que se caracterizara por artropatía.

Estos pacientes firmaron consentimiento informado y posteriormente se les realizó un formato de historia clínica, donde se inscribieron las características antropométricas del paciente, los antecedentes personales, signos vitales y se sometieron a estudio de serología, ANAS, ANTIDANA, y Factor Reumatoideo.

De acuerdo con la resolución 008430 de 1993 de la República de Colombia expedida por el Ministerio de Salud y tal como dicta en el título II, capítulo I, artículo 11, esta fue una investigación con riesgo mínimo, por la toma de muestra de sangre, sin otro tipo de intervención, con base a la cual se hicieron las pruebas de laboratorio para determinación de:

Factor Reumatoideo, Anticuerpos Anti-ANA (si es mayor de 1/160 hacer Anti-DNA, C3, C4, Proteína C reactiva, VSG, GOT y GPT.

Muestra: 10 ml de sangre venosa en tubo seco y EDTA.

Inmuno-fenotipificación de poblaciones linfocitarias

**Muestra:**

Se extrajeron 2 – 5ml de sangre periférica en un tubo con anticoagulante EDTA, se envió a la unidad de citometría de flujo para su inmediato procesamiento.

**Procesamiento**

Anticuerpos, fluorocromos y controles para Citometría de flujo. Se utilizó un Citómetro de flujo marca DAKO modelo CyAn High-Performance FlowCytometer con dos láseres, 488 y 635 nm, capaz de analizar 9 parámetros simultáneamente (forward, side light scatter y 7 fluorocromos diferentes), un software Summit (versión 4.3) para la adquisición y análisis de datos, además de un analizador hematológico ABX modelo Micros 60 OT de 18 parámetros.

Se utilizaron anticuerpos monoclonales específicos para CD3/CD4/CD8/CD45, marcados con los flurocromos siguientes: anti-CD3PE-TEXAS-RED (Caltag), anti-CD4 PE-Cy5.5 (eBioscience), anti-CD8APC (MiltenyiBiotec), anti-CD45 PE (MiltenyiBiotec) y, Cytocount de DAKO. Como controles se utilizaron los isotipos IgG1 con FITC e IgG2b con PE (Becton Dickinson).

A cada tubo se le adicionaron 50μl de sangre total anti coagulada, 5 μl de cada anticuerpo monoclonal y se incubaron por 30 minutos a temperatura ambiente en oscuridad. Posteriormente, se lisaron los glóbulos rojos con 50 μl de solución de UTILYS 1X (LysingSolution, 10X, Dako) y se incubaron por 15 minutos en oscuridad a temperatura ambiente. Se adicionaron 500 ul del reactivo B. Se mezclaron e incubaron a temperatura ambiente en oscuridad por 15 minutos. Finalmente, se adicionaron 50 ul de Cytocount, para ser adquiridas en el citómetro de flujo CYAN (DAKO).

**Resultados**

### División administrativa Barranquilla

De acuerdo con Ley 768 de 2002 (7) el distrito de Barranquilla está dividido política y administrativamente en cinco localidades": Riomar, Norte-Centro Histórico, Sur Occidente, Metropolitana y "Sur Oriente,(8) cada localidad es co-administrada por los ediles elegidos por votación popular y por los alcaldes locales (uno por localidad) nombrados por el Alcalde Distrital. Esta elección es reglamentada por la Administración Distrital. A su vez, las localidades se subdividen en barrios". En la ciudad existen 188 barrios que contienen, entre todos, aproximadamente 7.611 manzanas. (9)(10)

"El Acto Legislativo 01 de 1993 estableció que el distrito de Barranquilla abarca también la comprensión territorial del barrio Las Flores", el corregimiento de La Playa (antes perteneciente al municipio de Puerto Colombia), y el tajamar occidental de Bocas de Ceniza en el río Magdalena, sector de la ciénaga de Mallorquín, además del corregimiento de Juan Mina.(11)

## Área metropolitana

El Área Metropolitana de Barranquilla es un conglomerado urbano ubicado en el vértice nororiental del departamento del Atlántico(12), compuesta por el distrito de Barranquilla, núcleo principal, y los municipios periféricos Soledad, Galapa, Puerto Colombia y Malambo.(13)

El Área Metropolitana fue creada mediante el Decreto Ley 3104 del 14 de diciembre de 1979, y puesta en funcionamiento por Ordenanza 028 del 11 de diciembre de 1981.(14) "Su funcionamiento está regido por la Ley 128 de 1994" ("Ley Orgánica de Áreas Metropolitanas").(15)

"Es dirigida por la Junta Metropolitana, la cual es presidida por el Alcalde Metropolitano, quien a su vez es el alcalde del distrito de Barranquilla. Además, la Junta está integrada por el gobernador del departamento del Atlántico, los alcaldes de los municipios periféricos que hacen parte del Área Metropolitana, el representante del concejo de Barranquilla y un representante de los concejos de los municipios asociados. El director de la entidad es el Secretario de la Junta Metropolitana." (16)

De acuerdo con el censo realizado por el DANE en 2005, ajustado a 30 de junio de 2007, la población de Barranquilla es de 1.186.640 personas y 1.897.989 en su área metropolitana, (17) que la convierten en la ciudad más poblada de la "Costa Caribe colombiana, y la cuarta de la nación después de Bogotá, Medellín y Cali."

"De conformidad con el Artículo 102 de la Ley 142 de 1994, los diferentes barrios de la ciudad están clasificados de acuerdo con los seis estratos socioeconómicos para los inmuebles residenciales en Colombia".(18)(19) Los estratos 1-2 corresponden a los sectores suroriental, suroccidental, noroccidental y nororiental. "Los estratos 3-4 a la zona sur-central, al centro y parte del norte, y los estratos 5- 6 al norte".

**Mapa 1**. Mapa porcentual de pacientes con Chikungunya en Barranquilla según localidades y estratos socioeconómico 2014 - 2015

Area Metropolitana: 15.15%
Estratos 1y 2: (Sur Oriente, Nor Oriente, Sur Occidente y Nor Oriente)
Estratos 3 y 4: (Sur Central, Al Centro y parte Norte)
Estratos 5 y 6: (Norte)
Localidades: 1. Riomar 2.Norte-Centro Histórico 3. Sur Occidente 4. Metropolitana
5.Sur Oriente.6. Área Metropolitana (Soledad, Malambo, Galapa y Pto. Colombia)

**Mapa 2.** Mapa comportamiento del dengue y entomológico del vector *Aedes aegypti* (*stegomya*), implicado en la transmisión del dengue, Chikungunya y fiebre amarilla en Barranquilla según localidades - 2013

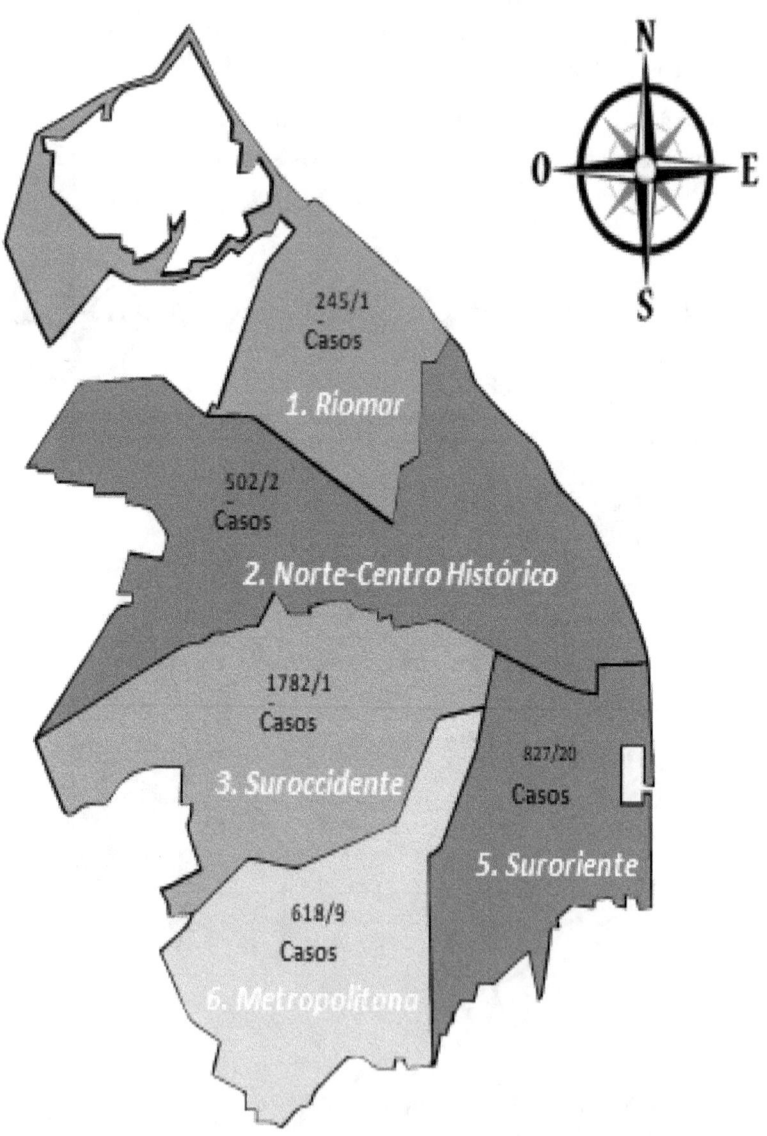

En cuanto a la distribución de los casos de dengue por localidades, la más afectada es la Suroccidente con 1782, seguida de la localidad Suroriente con 827, la Metropolitana con 618, siendo la menos afectada Riomar con 245 casos.

En cuanto a la distribución de los casos de dengue, enfermedad transmitida por el mismo vector del Chikungunya, por localidades, la más afectada, según el Perfil epidemiológico del Distrito año 2013, es la del suroccidente de la ciudad de Barranquilla, con 1.782 casos, seguida de la localidad suroriente con 827 casos, la metropolitana con 618 casos, norte-centro histórico 502 casos y Riomar 245 casos (Mapa 2) (20)

Diferente al estudio con 109 pacientes el enfoque inmunorreumatológico de la enfermedad del Chikungunya en la ciudad de Barranquilla, el cual se hizo desde el mes de octubre del 2014, hasta el primer semestre del 2015.

El comportamiento del Chikungunya ha sido diferente debido a que la localidad Norte- centro histórico que presenta el 31.31% en el estudio de la Universidad Metropolitana y las IPS, donde las personas que venían de esa zona que eran estrato 5 – 6, y en el estudio del distrito el número uno es el Sur occidente con 1.782 casos del mismo vector y es estrato 1 y 2.

En el estudio de la Universidad Metropolitana y las IPS de Barranquilla, el segundo lugar fue el Sur Oriente con 24.24% de las personas venían de esa zona estrato 1- 2, y el estudio del distrito fue el Sur Oriente con 827 casos y estrato 1-2; en este estrato son similares.

En el tercer lugar en el estudio de la Universidad Metropolitana y las IPS de Barranquilla, fue el Sur Occidente con 16.16% de estrato 1-2 y en el estudio distrital fue la localidad Metropolitana con 618 casos de estrato 1-2; son similares en estrato.

El cuarto lugar fue para el estudio de la Universidad Metropolitana y las IPS de Barranquilla, para la localidad Metropolitana con 11.11% de estrato 1-2 y en el estudio distrital, el Norte-centro histórico con 502 casos de estrato 5-6, diferentes estratos; y el último lugar en el estudio de la Universidad Metropolitana y las IPS de Barranquilla, el 3.4% fue para la localidad de Riomar con estrato 5-6, en estudio distrito la localidad de Riomar fue de 245 casos estrato 5 -6, semejantes.

## Discusión

En cuanto a la distribución de los casos de dengue, enfermedad que es transmitida por el mismo vector de la enfermedad del Chikungunya, las localidades más afectadas, según el Perfil epidemiológico del Distrito año 2013, son: Suroccidente con 1.782 casos, seguida de la localidad Suroriente con 827 casos, Metropolitana con 618 casos, Norte-Centro Histórico con 502 casos y Riomar con 245 casos.

El comportamiento del Chikungunya, que se asumía como semejante al dengue, por compartir el mismo vector, presentó, según estudio hecho por la Universidad Metropolitana y las IPS de Barranquilla la siguiente distribución, según localidades:

Centro Norte Histórico 31.31%, (zona de estratos 5-6) mientras que en el Estudio del Distrito de Barranquilla la mayoría de pacientes provenían de la localidad Sur Occidente, donde predomina los estratos 1-2; la localidad Sur Oriente tuvo 24.24%, tal y como sucedió en el estudio del Distrito de Barranquilla, donde esta localidad registra 827 casos todos de estratos 1-2.

El tercer lugar lo ocupó la localidad Sur Occidente con un 16.16% en tanto en el estudio del Distrito de Barranquilla, este lugar lo ocupó la localidad Metropolitana con 618 casos de estratos 1-2. El cuarto lugar, en el estudio de la Universidad Metropolitana y las IPS de Barranquilla, lo obtuvo localidad Metropolitana con 11.11% (zona de estratos 1 y 2) y en el estudio distrital.

El cuarto lugar lo ocupó el Norte-centro histórico con 502 casos, todos de estrato 5-6; finalmente el último lugar en el estudio de la Universidad Metropolitana y las IPS de Barranquilla fue para la localidad Riomar con un 3.4% en población estratos 5-6, igual a lo observado en el estudio del Distrito la localidad de Riomar con 245 casos.

Diferente al estudio con 109 pacientes de la caracterización clínica inmunorreumatológica de la enfermedad del Chikungunya en la ciudad de Barranquilla el cual se está haciendo desde el mes de octubre del 2014, hasta el primer semestre del 2015.

## Referencias bibliográficas

1. Boletín epidemiológico INS Semana Epidemiológica 48-53 año 2014.

2. Boletín epidemiológico INS Semana Epidemiológica 20 año 2015

3. Boletín epidemiológico INS Semana Epidemiológica 15 año 2015.

4. Boletín epidemiológico INS Semana Epidemiológica 20 año 2015

5. Carey DE. Chikungunya and dengue: a case of Mistaken Identity? J HistMedAlliedSci 1971(26): 243–62. DOI.org/10.1093/jhmas/XXVI.3.243

6. Carey DE. Chikungunya and dengue: a case of mistaken identity? J HistMedAlliedSci 1971; 26(3): 243–62. DOI.org/10.1093/jhmas/XXVI.3.243

7. CONGRESO DE LA REPÚBLICA, DE COLOMBIA (7 de agosto de 2002). «LEY 768 DE 2002 (julio 31)».Diario Oficial No. 44.893.(Ultimo acceso 10 marzo 2016)

8. Concejo Distrital, de Barranquilla. Acuerdo No. 006 del 10 de agosto de 2006. .(Ultimo acceso 15 abril 2016)

9. Alcaldía de Barranquilla. Secretaría de Salud Pública Distrital. «Plan de Salud Territorial del distrito de Barranquilla 2008-2011» .(Ultimo acceso 20 marzo 2016)

10. «Constitución Política de Colombia. Artículo 356. Adicionado por el artículo 2.º del acto legislativo número 1 de agosto 18 de 1993». .(Ultimo acceso marzo 2016)

11. Área Metropolitana de Barranquilla. AMB - Qué es.

12. Área Metropolitana de Barranquilla. Territorio AMB

13. Aleksey Herrera. «Conflictos urbanísticos de Barranquilla.

14. Congreso de Colombia. Ley 128 de 1994 .(Ultimo acceso 15 septiembre 2016)

15. Área Metropolitana de Barranquilla. Preguntas frecuentes.

16. DANE:Censo General 2005. Perfil Barranquilla-Atlántico.

.(Ultimo acceso 15 febrero 2016)

17. DANE:Censo General 2005. Perfil Barranquilla-Atlántico»..
CONGRESO DE COLOMBIA. Ley 142 de 1994 (julio 11),
artículo 102 .(Ultimo acceso 15 febrero 2016)

18. Perfil Epidemiológico Distrito de Barranquilla 2013.(Ultimo
acceso 17 marzo 2016)

# Chikungunya en pediatría

Osmar Pérez Pérez, Luz Contreras Wilches,

Irina Ortega Ortiz, Víctor Barbosa Sarabia

## Introducción

Esta enfermedad puede afectar a todos los grupos de edad y ambos sexos, sin embargo, la población pediátrica y ancianos son más propensos a desarrollar manifestaciones graves (1,2)

Por eso es importante resaltar la detección clínica precoz de los pacientes de riesgo, para así realizar un tratamiento adecuado y el apoyo pertinente para prevenir la evolución a un estado severo por Chikungunya disminuyendo la morbimortalidad de esta patología y efectos como la discapacidad asociada a estados crónicos de la enfermedad.(3)

La fiebre por Chikungunya, se caracteriza por fiebre, mialgia, poliartralgia, náuseas, cefalea y erupción cutánea maculopapular. (4) Todos estos síntomas se auto limitan y generalmente duran 1-10 días, excepto las artralgias, que éstas a menudo son muy debilitantes y suelen persistir durante meses o años (5) y causa graves problemas económicos e impacto social tanto en el individuo y las comunidades afectadas.

## Epidemiología

En año 1952 se describieron los primeros casos del virus del Chicungunya reportados en Tanzania y luego se presentan los primeros brotes del virus en países como África, Asia e India, han ido avanzando en diferentes localidades notificándose un gran brote en el 2000 en El Congo; luego aparecen casos en el Océano Indico hacia el año 2005 - 2006 y presentándose hacia el 2007 los primeros reportes en Europa.

Hacia el año 2013 se inician las infecciones por el virus para todo el continente americano, dándose el mayor brote con más de 1 millón de casos sospechosos notificados en el año 2014. (OMS 2017)

Y la Organización Mundial de la Salud (OMS) en el año 2016 notificó 349.936 casos sospechosos y 146.914 confirmados en las Américas, de donde la mayoría corresponden a países como Brasil con 265.000 sospechas de casos con Chikungunya, Colombia con 19.000 casos y Bolivia con 19.000 casos; y en Argentina se reportó transmisión del virus propio de su región, infectando a 1.000 casos. Y en el año 2017 aún hay grandes brotes reportados, como es el caso de Pakistán. (7)

Desde el punto de vista epidemiológico es necesario destacar que los vectores responsables de la transmisión, el vector *Aedes aegypti* se encuentra con una ubicación geográfica limitada y es muy asociado a zonas urbanas, a diferencia del *Aedes albopictus* que es un vector propio de las Américas y se asocia a múltiples localidades tanto urbanas como rurales y en varios sitios de acúmulo de agua. (7)

## Etiología

El virus del Chikungunya es el agente causal de la denominada "Fiebre por Chikungunya", se trata de un alfavirus perteneciente a la familia Togaviridae, cuyos vectores son el *Aedes aegypti* y el *Aedes albopictus.*

El principal mecanismo de transmisión del virus se da por la picadura del vector(es) *Aedes aegypti o Aedes albopictus* al reservorio; pero también existen otros mecanismos con menor frecuencia, pero con significancia en la infección por el virus, que son la transmisión transplacentaria de madre con el virus, infectando al recién nacido en el momento del parto, produciendo formas severas de la enfermedad en el neonato.

Otras vías son la intrauterina, exposición en laboratorio, transfusiones sanguíneas y trasplantes de órganos o tejidos, punciones con agujas. Es importante resaltar que no se ha evidenciado el virus en leche materna. (9)

## Manifestaciones clínicas en pediatría

Los síntomas del Chikungunya en la población pediátrica pueden tener una presentación clínica diferente a la de los adultos y la severidad de los síntomas ocurre en las edades extremas como los lactantes pequeños y ancianos. En la población pediátrica donde mayor cuidado hay que tener es entre el primer mes y los 2 años de edad. (10)

Cuando existen enfermedades de base como el cáncer, HIV/SIDA, enfermedades metabólicas, hepatopatías, hipertensión, éstas se comportan como factores de riesgo para aumentar la morbi-mortalidad.

Una población de gran atención son las gestantes, tanto por la madre como por los efectos en el recién nacido. Durante el embarazo, en la mayoría de los casos, el virus del Chikungunya no se trasmite de la madre al feto, sin embargo, la tasa de transmisión vertical puede aumentar un 49% intraparto y se ha reportado además incidencias de abortos posteriores a una infección por Chikungunya en la gestante.

El riesgo más alto de transmisión se produce cuando la gestante está infectada en el periodo intraparto (fase febril virémica), con un lapso de 4 días antes y 1 día después del parto. (11)

En la transmisión madre – hijo, el recién nacido generalmente nace asintomático y desde el tercer día puede comenzar con los síntomas, como fiebre, inapetencia, irritabilidad, edema en extremidades y exantemas maculopapular.

Algunos neonatos pueden desarrollar crisis convulsivas por infección del sistema nervioso central, además hipertensión endocraneana y hemorragia cerebral; también se observan en menos frecuencia miocardiopatías y disfunción multiorgánica. (12, 13, 14, 15)

Entre las manifestaciones graves se destacan la falla respiratoria, descompensación cardiovascular, meningoencefalitis, otros problemas del sistema nervioso central y hepatitis aguda. (16)

En el año 2014 se reportó en Colombia que la infección por el virus es más frecuente en varones, siendo el grupo etario más afectado entre el primer mes y los 5 años, disminuyendo la viremia a medida que avanza la edad. (17)

En investigaciones internacionales se encuentra como edad media los 9 años y con una relación según el sexo masculino: femenino de 1:5. (18)

En la clínica de los pacientes pediátricos se encuentra la fiebre y el exantema como las manifestaciones más frecuentes en los niños. La triada de fiebre, artritis/artralgia y rash debe hacer sospechar la enfermedad.

Teniendo en frecuencia el dolor intenso articular (88%), fiebre alta (82%), rash cutáneo (80%) (Imagen 1) y en niños menores de 2 años se encuentra con más frecuencia complicaciones neurológicas (46%), hipotonía (22%), meningitis (18%) y convulsiones 16% e infecciones agregadas como neumonía (4%) y pielonefritis (2%) (19)

**Imagen 1.** Características dermatológicas de las lesiones

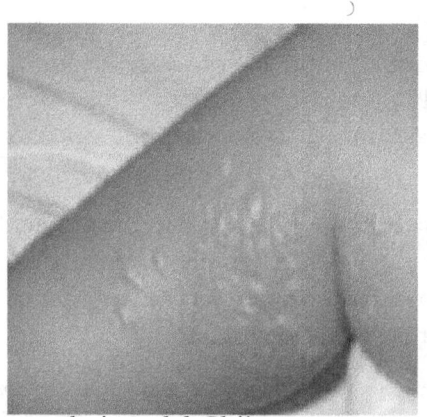 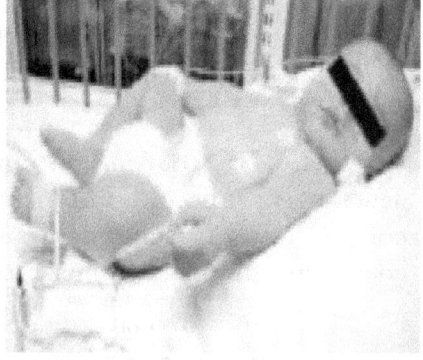

por el virus del Chikungunya

**Lesiones bullosas en miembro inferior**

**Lactante con rash maculopapular, petequias y eritema asociado a edema en extremidades**

**Fuente**: *Tomado de OPS/OMS/CDC. Preparación y respuesta ante la eventual introducción del Virus Chikungunya en las Américas.

Resaltando lo ya descrito a continuación en la Tabla 1 se describen según el grupo etario los signos y síntomas con frecuencia.

**Tabla 1.** Signos y síntomas según el grupo etario

| Neonato | - Fiebre<br>- Inapetencia, irritabilidad<br>- Dolor generalizado, edemas en extremidades y diferentes manifestaciones en piel.<br>Complicaciones: Meningoencefalitis, miocarditis y/o anormalidades cardíacas |
|---|---|
| Lactantes y preescolares | - Fiebre<br>- letargia, irritabilidad<br>lesiones vesiculares y/o bullosas en piel asociado a rash generalizado pápulas asimétricas |
| Escolares | - Fiebre alta<br>- Rash cutáneo generalizado, artralgia y/o artritis, parálisis flácida, linfadenopatías, inyección conjuntival<br>Menor proporción: complicación hemorrágica, neurológicas alteraciones del SNC. |
| Adolescentes | - Síntomas son similares a los adultos:<br>fiebre, artralgia grave o artritis de comienzo agudo y rash generalizado. En raras ocasiones da manifestaciones atípicas |

**Fuente**: Valamparampil JJ, Chirakkarot S, Letha S, Jayakumar C, Gopinathan KM Clinical profile of Chikungunya in infants. Indian J Pediatr. 2009; 76:151– 5. Modificado por los autores.

## Patogenia

El virus del Chikungunya ingresa al organismo a través de la picadura del mosquito, pasando barreras como la dermis y localizándose en el tejido conectivo donde se replica; produciéndose la máxima replicación viral entre el quinto y séptimo día luego de su ingreso al torrente sanguíneo, diseminándose a través de los monocitos. Otros lugares de infección en el organismo son los músculos y las articulaciones, afectando esencialmente a los fibroblastos. También se puede encontrar en las células epiteliales y

53

endoteliales de otros órganos como el hígado, el bazo y el encéfalo. (20)

La respuesta inmunológica en la fase aguda de la viremia es mediada por el interferón tipo I, el cual se produce en los fibroblastos y otras células infectadas. Luego de la primera semana las inmunoglobulinas específicas protegen contra la infección, pero los linfocitos B y T generan respuestas fisiopatológicas que pueden llevar a las lesiones articulares con manifestaciones crónicas. (21)

Algunos pacientes pueden contraer la infección y no presentar manifestaciones clínicas, demostrándose que fueron infectados luego de realizarles pruebas serológicas, donde del 3% al 28% presentaron anticuerpos para el Chikungunya, siendo otra fuente de transmisión de la enfermedad. (22). Es importante resaltar que el diagnóstico diferencial se debe hacer clínicamente con el Dengue, como se menciona en la Tabla 2. (23)

**Tabla 2.** Características clínicas diferenciales entre el Dengue y el Chikungunya

| Características clínicas | Dengue | Chikungunya |
|---|---|---|
| Fiebre | +++ | ++ |
| Mialgias | + | ++ |
| Artralgias | +++ | +/- |
| Erupción cutánea | ++ | + |
| Discrasias hemorrágicas | +/- | ++ |
| Choque | - | +/- |

**Fuente:** OPS/OMS. Preparación y respuesta frente a virus Chikungunya en las Américas, 2010 (*) Frecuencia media de síntomas de estudios donde las dos enfermedades se compararon; +++ = 70-100% de pacientes; ++ = 40-69%; + = 10-39%; +/ - = <10%; - = 0%

Las etapas clínicas de la evolución de la enfermedad del Chikungunya son:

*La enfermedad aguda* (**3 y 10 días**): se caracteriza generalmente por fiebre alta de inicio súbito (superior a 39°C), continua o intermitente, puede acompañarse de bradicardia relativa; otro síntoma característico es la aparición de artralgias severas, estas son simétricas, de predominio distal, manos y pies, aunque puede presentarse más proximal; se puede evidenciar tumefacción, asociada con frecuencia a tenosinovitis. (24, 25)

Uno de los signos más frecuentes en el Chikungunya es el rash que se inicia entre el segundo y quinto de la fiebre, esta lesión se distribuye en tronco y extremidades. Aunque también puede afectar rostro, palmas de las manos y plantas de los pies, o presentarse como un eritema difuso que desaparece o se atenúa a la digito presión; en la población pediátrica las lesiones vesiculobulosas son las manifestaciones cutáneas más comunes. (26)

La enfermedad subaguda y crónica (3 meses y mayor a 3 meses respectivamente) su principal síntoma es la continuidad de la artritis. El 34,4% presentan una recuperación total, el 55.6% pueden presentar recaídas y el 10% puede evolucionar a una forma crónica de la enfermedad. Las recaídas pueden presentarse luego de las cuatro semanas de la infección primaria con una duración de más o menos 3,8 semanas. El sexo más afectado es el femenino y se presentan menores recaídas en los menores de cinco años. (27). La enfermedad en ocasiones presenta manifestaciones atípicas (Tabla 3) lo cual está relacionado con la virulencia, el estado inmunológico del portador y por las respuestas al tratamiento instaurado.

## Diagnóstico

El diagnóstico es fundamentalmente clínico, teniendo en cuenta la definición del caso sospechoso y contacto. En cuanto a la confirmación por laboratorio de infección por el Virus del Chikungunya, existen 3 pruebas fundamentales: (OMS/CDC)

**Tabla 3.** Manifestaciones atípicas de la infección por CHIKV.

| SISTEMA | MANIFESTACIONES CLÍNICAS |
|---|---|
| Neurológico | Meningoencefalitis, encefalopatía, convulsiones, síndrome de Guillain-Barré, síndrome cerebeloso, paresia, parálisis, neuropatía. |
| Ocular | Neuritis óptica, iridociclitis, epiescleritis, retinitis, uveítis. |
| Cardiovascular | Miocarditis, pericarditis, insuficiencia cardíaca, arritmias, inestabilidad hemodinámica |
| Dermatológico | Hiperpigmentación fotosensible, úlceras intertriginosas similares a úlceras aftosas, dermatosis vesiculobulosas. |
| Renal | Nefritis, insuficiencia renal. |
| Otros | Discrasias sangrantes, neumonía, insuficiencia respiratoria, hepatitis, pancreatitis, síndrome de secreción inadecuada de hormona antidiurética |

| (SIADH), hipoadrenalismo. |
| --- |

**Fuente:** Preparación y respuesta ante la eventual introducción del virus Chikungunya en las Américas. Washington, D.C.; CDC - OPS, © 2011

**Aislamiento viral:** Se toma en la fase aguda, los primeros 7 días de la enfermedad, desde el inicio de los síntomas. Detecta las partículas virales.

**Transcripción reversa y Reacción en Cadena de la Polimerasa (RT_PCR):** En la fase aguda de la enfermedad. Detecta el Antígeno o ARN viral.

**Serología:** Métodos serológicos para la detención de Anticuerpos, se solicitan después de 5 a 7 días de la enfermedad en adelante.

Las Pruebas de laboratorio se solicitan de acuerdo al comportamiento de la Viremia y la respuesta inmune en los humanos, seleccionando así el laboratorio según los días de evolución. (Figura 1)

**Figura 1.** Viremia y respuesta inmune después de la infección por Chikungunya

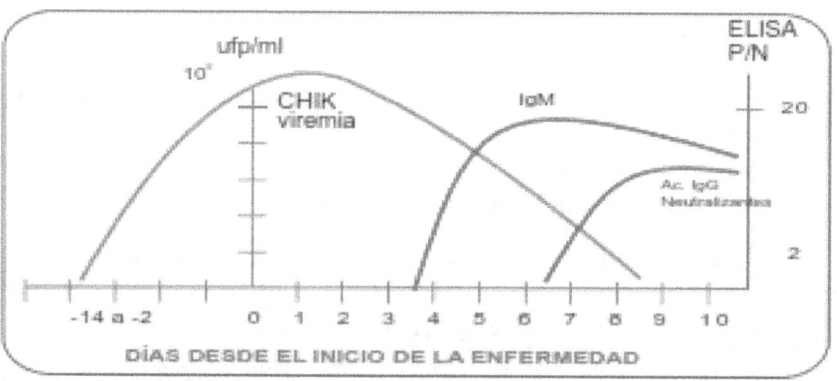

**Fuente**: Tomado de OPS/OMS/CDC. Preparación y respuesta ante la eventual introducción del Virus Chikungunya en las Américas

Los resultados de los exámenes de laboratorio presentan leucopenia en el 43% de los niños y trombocitopenia en el 4%. Además se asocian complicaciones hepáticas con elevación de transaminasas (10%). (28) Y a menor edad mayor porcentaje de enfermedad grave, complicaciones y mayor morbimortalidad. (29)

Es importante realizar el diagnóstico diferencial con la Fiebre por Dengue por la gran similitud entre estas dos enfermedades y que comparten el mismo vector. (Tabla 4).

**Tabla 4.** Características paraclínicas diferenciales entre el Dengue y el Chikungunya

| Características clínicas | Dengue | Chikungunya |
|---|---|---|
| Leucopenia | ++ | +++ |
| Linfopenia | +++ | ++ |
| Neutropenia | + | +++ |
| Trombocitopenia | + | +++ |

**Fuente**: OPS/OMS. Preparación y respuesta frente a virus Chikungunya en las Américas, 2010 (*) Frecuencia media de síntomas de estudios donde las dos enfermedades se compararon; +++ = 70-100% de pacientes; ++ = 40-69%; + = 10-39%; +/ - = <10%; - = 0%

## Manejo de Chikungunya en pediatría

El tratamiento de la fiebre por Chikungunya es fundamentalmente sintomático y va a depender de la fase de la enfermedad y de las manifestaciones típicas o atípicas. En este momento no hay antivirales ni vacunas contra el virus del Chikungunya. (30, 31)

En la fase aguda se indica reposo, abundantes líquidos y paracetamol. En la fase subaguda y crónica puede ser necesario el uso de antiinflamatorios no esteroideos, pero con respuesta lenta. (32, 33). En los pacientes con manifestaciones subagudas o crónicas es necesario iniciar fisioterapia para disminuir el compromiso de las articulaciones. (34).

Se recomienda que durante los primeros siete días de la enfermedad los pacientes se mantengan aislados o bajo un mosquitero para evitar la picadura y la continuidad del virus. (35). Otras recomendaciones en el manejo son:

• Identificar signos de alarma y criterios de atención en alto nivel de complejidad.

• Para el prurito y la erupción se recomienda a nivel tópico el uso de lociones a base de óxido de zinc y calamina y por vía oral un antihistamínico.

• Evaluar y mantener el estado de hidratación, ofreciéndole al niño líquidos como sopas y jugos libres de irritantes y asociar suero oral o hidratación endovenosa si hay pérdidas de líquidos asociadas.

• Informar al paciente y/o familiares sobre signos de alarma, cuidado en el hogar, prevención de la transmisión (uso de mosquiteros, repelentes y ropa adecuada).

• Evitar la automedicación de corticosteroides y de ácido acetil salicílico por el alto riesgo de inmunosupresión, trastornos hemorrágicos o falla hepática.

### Los signos de alarma en pediatría son:

Temperatura mayor de 38,5°C que persiste por más de cinco días, dolor abdominal persistente, intolerancia a la vía oral, riesgo de deshidratación, manifestaciones hemorrágicas, disminución del sensorio o convulsiones, alteración del equilibrio, dolor incapacitante de extremidades por más de cinco días, pulsos débiles, llenado capilar lento, disminución de la diuresis por más de 6 horas, neonato con manifestaciones sospechas de la enfermedad, niños con comorbilidades asociadas y/o evolución clínica tórpida.

## Manejo en neonatos:

Se debe ingresar a la unidad de cuidados neonatales, manteniéndolo aislado, con soporte hidroelectrolítico, manejar la fiebre con antipiréticos y vigilar las complicaciones graves como son el compromiso del sistema nervioso central, síndrome de disfunción multiorgánica, coagulopatía de consumo.

Se debe continuar con la lactancia materna a libre demanda, si no succiona se dará alimentación a través de una sonda orogástrica y si no es posible el aporte enteral se debe considerar el uso de nutrición parenteral. Ordenar los laboratorios según el contexto clínico del paciente.

Se recomienda que todo recién nacido de una madre que en el momento del parto presente manifestaciones de una viremia, se debe dejar hospitalizado en la unidad neonatal para su vigilancia. (36, 37)

## Conclusiones

La fiebre por Chikungunya en la edad pediátrica varía según la edad, siendo de mayor morbilidad en los menores de dos años y principalmente en la etapa neonatal y los hijos de madre con viremia en el momento del parto.

Todo niño con sospecha de esta infección debe ser valorado por un pediatra y evitar la automedicación por parte de los familiares. Hasta el momento no hay tratamiento específico ni vacunas, sólo se tratan los síntomas asociadas y las comorbilidades.

La morbimortalidad incrementa según la enfermedad de base que tenga el niño aumentando así sus complicaciones.

## Referencias bibliográficas

1. Angelini P, Macini P, Finarelli AC, et al. Chikungunya epidemic outbreak in Emilia-Romagna (Italy) during summer 2007. Parasitología. Jun 2008; 50(1- 2):97-98. http://www.ncbi.nlm.nih.gov/pubmed/18693568

2. CDC. Chikungunya fever diagnosed among international travelers United States, 2005-2006. MMWR Morb Mortal Wkly Rep. Sep 29 2006; 55(38):1040-1042

3. Staples JE, Breiman RF, Powers AM. Chikungunya fever: an epidemiological review of a re-emerging infectious disease. Clin Infect Dis. 2009; 49(6):942- 948. http://www.ncbi.nlm.nih.gov/pubmed/19663604

4. Parveen Kaur; Justin Jang Hann Chu. Chikungunya virus: an update on antiviral development and challenges. Drug Discovery Today _ Volumen 18, N° 19/20 _ October 2013.

5. Brighton SW, Prozesky OW, de la Harpe, et al. Chikungunya virus infection. A retrospective study of 107 cases. S Afr Med J 1983; 63(9):313- 315. http://www.ncbi.nlm.nih.gov/pubmed/6298956

6. Boletín epidemiológico. Instituto Nacional de Salud. Colombia. 4 al 10 de mayo de 2014. http://www.ins.gov.co/boletin-

epidemiologico/Boletn%20Epidemiolgico/2014%20Boletin
%20epidemiologico%20semana%2019.pdf

7. OMS.    www.who.int/mediacentre/factsheets/fs327/es/.
   Nota descriptiva, abril 2017.

8. PAHO. Organización Panamericana de Salud. Chikungunya.
   2015.
   http://www.paho.org/hq/index.php?option=com_topics&
   view=article&id=343&Itemid=40931&lang=es

9. OMS, Vigilancia de CHIKV en Las Américas: Detección y
   diagnóstico por laboratorio. Organización Mundial de la
   salud 2014.

10. OMS, Vigilancia de CHIKV en Las Américas: Detección y
    diagnóstico por laboratorio. Organización Mundial de la
    salud 2014.

11. CDC. 2012 Chikungunya distribution and global map.
    http://www.cdc.gov/chikungunya/map/index.html

12. Shenoy S, Pradeep GC. Neurodevelopmental outcome of
    neonates with vertically transmitted Chikungunya fever with
    encephalopathy. Indian Pediatr. 2012; 49(3):238-40.

13. PAHO/WHO, Preparación y respuesta ante la eventual
    introducción del virus chikungunya en las Américas.
    Washington, D.C.: Organización Panamericana de la Salud,
    2011.

14. PAHO/WHO, Preparación y respuesta ante la eventual
    introducción del virus chikungunya en las Américas.
    Washington, D.C.: Organización Panamericana de la Salud,
    2011.

15. PAHO/WHO, Preparación y respuesta ante la eventual
    introducción del virus chikungunya en las Américas.
    Washington, D.C.: Organización Panamericana de la Salud,
    2011.

16. Ramful D, Carbonnier M, Pasquet M, Bouhmani B,
    Ghazouani J, Noormahomed T, Beullier G, Attali T,
    Samperiz S, Fourmaintraux A, Alessandri JL. Mother to
    child transmission of chikunguya virus infection. Pediatr
    Infect Dis J. 2007;26(9):811-5.

17. Fortich González, Rossana. Características clínicas y de laboratorio de Chinkungunya neonatal: un estudio prospectivo. Tesis. Universidad de Cartagena. 2015. http://190.25.234.130:8080/jspui/bitstream/11227/2048/1 /CHINKUNGUNYA%20NEONATAL.pdf

18. Le Bomin A1, Hebert JC, Marty P, Delaunay P, Confirmed chikungunya in children in Mayotte. Description of 50 patients hospitalized from February to June 2006. Med Trop (Mars). 2008 Oct; 68(5):491-5.

19. Le Bomin A1, Hebert JC, Marty P, Delaunay P, Confirmed chikungunya in children in Mayotte. Description of 50 patients hospitalized from February to June 2006. Med Trop (Mars). 2008 Oct; 68(5):491-5.

20. Nicol Ritz, Markus Hufnagel and Patrick Gerardin. The Pediatric Infectious Disease Journal 2015, Volume 34, Issue 7, p 789-791.

21. Nicol Ritz, Markus Hufnagel and Patrick Gerardin. The Pediatric Infectious Disease Journal 2015, Volume 34, Issue 7, p 789-791.

22. PAHO. Organización Panamericana de la Salud. Alerta epidemiológica. Fiebre por Chikungunya. 9 de diciembre de 2013. http://www.paho.org/hq/index.

23. PAHO. Organización Panamericana de la Salud. Alerta epidemiológica. Fiebre por Chikungunya. 9 de diciembre de 2013. http://www.paho.org/hq/index.

24. CDC. OPS/OMS Preparación y respuesta ante la eventual introducción del virus Chikungunya en las Américas. Washington, D.C.: OPS, 2011. 159p.

25. CDC. OPS/OMS Preparación y respuesta ante la eventual introducción del virus Chikungunya en las Américas. Washington, D.C.: OPS, 2011. 159p.

26. PAHO/WHO, Preparación y respuesta ante la eventual introducción del virus chikungunya en las Américas. Washington, D.C

27. Staikowsky F, Le Roux K, Schuffenecker I, Laurent P, Grivard P, Develay A Et al. Retrospective survey of

Chikungunya disease in Réunion Island hospital staff. Epidemiol Infect 2008; 136(2):196-06.

28. Le Bomin A1, Hebert JC, Marty P, Delaunay P, Confirmed chikungunya in children in Mayotte. Description of 50 patients hospitalized from February to June 2006. Med Trop (Mars). 2008 Oct; 68(5):491-5.

29. Sebastian MR, Lodha R, Kabra SK. Chikungunya infection in children. Indian J Pediatr. 2009; 76:185–9. Epub 2009 Mar. 28. http://medind.nic.in/icb/t09/i2/icbt09i2p185.pdf

30. CDC. OPS/OMS Preparación y respuesta ante la eventual introducción del virus Chikungunya en las Américas. Washington, D.C.: OPS, 2011. 159p.

31. Martínez, FN; González, LJ; Fino, G; Rossi, L; Troncoso, A. Amenaza del virus Chikungunya: la globalización de las enfermedades transmitidas por insecto vector. Pren Méd Argent 2009; 96:671-680. http://bases.bireme.br/cgi-bin/wxislind.exe/iah/online/?IsisScript=iah/iah.xis&src=google&base=LILACS&lang=p&nextAction=lnk&exprSearch=591667&indexSearch=ID

32. Richi Alberti P. Patología reumatológica importada. Semin Fund Esp Reumatol 2010;11(1): 28-36. http://dialnet.unirioja.es/servlet/articulo?codigo=3142240

33. Chikungunya Virus Net.com. [Consulta 13/08/15]. http://www.chikungunyavirusnet.com/treatment.html

34. Rey, Jorge R; Connelly; C, Mores, N; Smartt, T: Tabachinick, J. La Fiebre Chikungunya. ENY-736S (IN729), FAS. University

35. Chikungunya Virus Net.com. [Consulta 13/08/15]. http://www.chikungunyavirusnet.com/treatment.html

36. OMS, Vigilancia de CHIKV en Las Américas: Detección y diagnóstico por laboratorio. Organización Mundial de la salud 2014.

37. OMS, Vigilancia de CHIKV en Las Américas: Detección y diagnóstico por laboratorio. Organización Mundial de la salud 2014.

# El diagnóstico en la enfermedad de Chikungunya

Jecenia Vidal Martínez, Lérida Pernett,
Carmen Avendaño

## El virus

El virus Chikungunya fue identificado en humanos en 1952, en Tanzania, África, clasificado en la familia Togaviridae, género Alfavirus, está constituido por ARN monocatenario de polaridad positiva, con una longitud aproximada de 11,5 kb; codifica para cinco proteínas estructurales y cuatro proteínas no estructurales (nsP1e4), implicadas en la replicación viral.

De acuerdo a las características antigénicas y genotípicas, se han identificado tres linajes del virus: ECSA (Este, Central y Sur de África), África occidental y Asia. Los alphavirus producen enfermedades en el hombre y en animales vertebrados, a través de la picadura de vectores principalmente mosquitos.

Dentro de ésta especie los más representativos son: El Virus de la encefalitis equina venezolana, Virus o'nyong'nyong, Virus Chikungunya, Virus Mayaro. (1)

Las glicoproteínas del género Alphavirus tienen un carboxilo terminal fijo en la cápside, confiriendo una forma icosaédrica, las proteínas de la cápside de éste género poseen gran similitud estructural, razón por la cual es factible la presentación de reacciones cruzadas. Las glucoproteínas de la envoltura expresan determinantes antigénicos exclusivos que permiten distinguir a los distintos virus, y también expresan determinantes antigénicos compartidos por un grupo o complejo de virus. (2)

Las proteínas de la cápside de todos los alphavirus se unen a receptores específicos que se expresan en distintos tipos de células de muchas especies; No obstante cada virus tiene una afinidad o tropismo diferente por diversos tejidos, lo cual provee la presentación de distintos cuadros clínicos, lo que permite realizar un diagnóstico clínico.(2)

Una vez el virus infecta una célula, el propósito es replicar el ARN en la célula hospedera, para lo cual el ARN se une a los ribosomas, encargados de sintetizar un nuevo ARN mensajero. Durante la fase de replicación inicial la proteína NSP es dividida originando las llamadas NSP1 a la NSP4. (3)

Al final del proceso de síntesis se genera un ARN compuesto por 42S en sentido negativo, que sirve como molde para las subsiguientes copias de ARN que será entonces un ARNm en sentido positivo. En esta fase la transcripción de un ARNm de 26S es el responsable durante la traducción de codificar las proteínas de la cápside, identificadas como "C" y las glucoproteínas de la envoltura de la E1 a E3. (4)

Estas glucoproteínas mediante proceso de acetilación y alquilación sucedidos en el retículo endoplásmico, quedan listas para ser transportadas a la membrana plasmática y repetir el ciclo de replicación viral. Las proteínas de envoltura son susceptibles a mutaciones que favorecen la adaptación del virus. Es así como la mutación del gen que codifica la proteína de envoltura E1 (mutación A226V), ha facilitado la adaptación del virus en el vector *Aedes aegypti.*(4)

La gran similitud genotípica de los miembros del género Alphavirus, guarda una estrecha relación con el comportamiento clínico de las enfermedades producidas por ésta familia de virus. (Figura 1). Debido a esto es importante considerar en lugares endémicos, los diagnósticos diferenciales de las enfermedades transmitidas por el vector *Aedes aegypti*, durante la realización de un diagnóstico clínico.(5)

**Figura 1.** Secuencia del dominio citoplasmático e2 de diferentes alphavirus

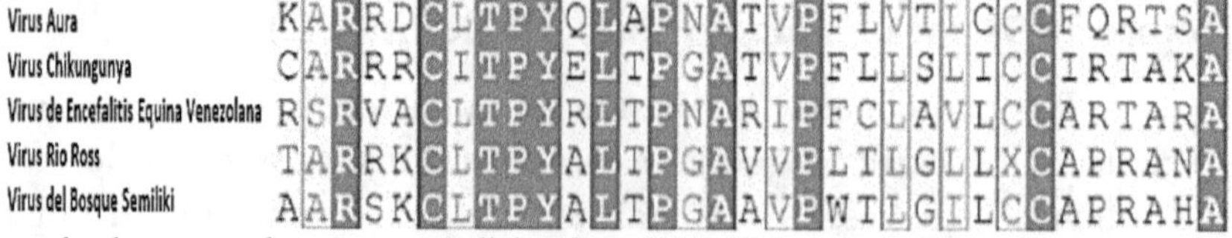

| | | |
|---|---|---|
| Virus Sindbis | KARRECLTPYALAPNAVIPTSLALLCCVRSANA |
| Virus de Encefalitis Equina Occidental | KARRDCLTPYALAPNATVPTALAVLCCIRPTNA |
| Virus Aura | KARRDCLTPYQLAPNATVPFLVTLCCCFQRTSA |
| Virus Chikungunya | CARRRCITPYELTPGATVPFLLSLICCIRTAKA |
| Virus de Encefalitis Equina Venezolana | RSRVACLTPYRLTPNARIPFCLAVLCCARTARA |
| Virus Río Ross | TARRKCLTPYALTPGAVVPLTLGLLXCAPRANA |
| Virus del Bosque Semiliki | AARSKCLTPYALTPGAAVPWTLGILCCAPRAHA |

Tomado de: www.plosone.org 1 diciembre 2012, Volumen 7, Issue 12

# Diagnóstico clínico

El diagnóstico de la fiebre Chikungunya, es fundamentalmente clínico, razón por la cual es de gran importancia durante la anamnesis del paciente considerar el lugar de procedencia así como el nexo epidemiológico y la circulación viral al momento del diagnóstico. Debido a la relevancia del dengue y sus 4 serotipos es importante considerar el diagnóstico diferencial con éste, fundamentalmente cuando las manifestaciones son atípicas, el apoyo del laboratorio clínico también es requerido.

Durante el abordaje del paciente, se debe tener en cuenta que en el (20%) de personas infectadas, la enfermedad cursa de forma asintomática, entre el 72 y 97 % de las personas infectadas presentan los signos y síntomas, los cuales se inician de forma abrupta con fiebre alta (85-100%) y dolor articular severo (90-98%).

La fiebre y las poliartralgias son las manifestaciones características de esta enfermedad y compromete pequeñas articulaciones de forma bilateral, como falanges de manos, pies y tobillos, en menor proporción, grandes articulaciones como rodillas, hombros, talones y codos. Esta manifestación es poco frecuente en niños. (6)

Son comunes los signos dermatológicos al inicio de la enfermedad. Próximo al cuarto día, hay un brote máculo-papular pruriginoso generalmente localizado en tronco y extremidades, pudiendo afectar palmas y plantas. Se han descrito lesiones vesiculares, descamativas y ulcerosas.

Algunos pacientes presentan conjuntivitis, signos hemorrágicos como gingivorragia, epistaxis; respiratorios como tos y disnea. (7)

La persistencia de la artritis, se presenta en el 34,4 % de casos, situación que condiciona la cronicidad de la enfermedad, es habitual la presencia de recaídas en un 55,6 % de los pacientes o la evolución a cronicidad en el 10 %.

La edad es un factor determinante y se correlaciona de manera directa con las recaídas y la duración, las cuales aumentan con la edad, siendo nula en los menores de cinco años. (8)

Se han descrito algunas manifestaciones clínicas atípicas con daño de órganos, el virus que migró a las Américas rara vez presenta trofismo por el SNC, pero en tal caso se manifiesta como meningoencefalitis, síndrome de Guillan-Barré, ictus o compromiso en el cerebro. En los recién nacidos la presentación clínica difiere. Pudiendo presentar eritema maculo-papular, vesículas, en la etapa inicial fiebre, rash, adinamia, anorexia, adinamia en articulaciones distales, discrasias sanguíneas. (9)

La manifestación atípica más frecuente (90%) es la encefalitis, que en algunos casos puede evolucionar a discapacidad permanente. En los lugares endémicos se debe realizar diagnóstico diferencial con las enfermedades transmitidas por éste vector. (10)

Los hallazgos de laboratorio, más comunes describen elevación de la Velocidad de Sedimentación Globular y de la proteína C reactiva, el 94 % de los pacientes presenta linfopenia, trombocitopenia en 33 % de los pacientes, pruebas de función hepática alteradas en el 14 % de los casos y transaminasas aumentadas en el 28 % de los pacientes, la duración de esta fase es de 3 a 10 días.

De acuerdo a los tiempos de respuesta inmunológica, se deben solicitar las pruebas de laboratorio en cada etapa del desarrollo de la enfermedad. (11)

## Diagnostico Etiológico

Las ayudas diagnósticas que permiten identificar el agente etiológico, se apoyan en diversas técnicas, cuyo uso va a depender del momento desde el cual el paciente inicia los síntomas hasta que llega a la atención médica. : Aislamiento viral, se obtiene a partir de un cultivo celular, derivado de explantes, órganos o embriones de animales, estas células son digeridas con enzimas proteolíticas como la tripsina que rompe los enlaces peptídicos, ésta digestión enzimática favorece la liberación de células. (12)

La suspensión de células líbres se colocan en un medio de cultivo enriquecido con albumina, vitaminas, glucosa y antibiótico que favorecen el cultivo, estas células crecen adheridas a la caja de cultivo formando monocapas. (12)

En etapas iniciales de la circulación viral la técnica de elección era la neutralización (PRNT) de cepas mantenidas en cultivos para confirmar pruebas serológicas IgM positivas debido a la posibilidad de reacciones cruzadas con virus del género alphavirus. En la actualidad existen kits que permiten la detección simultánea de diversos virus del género Alphavirus. La principal dificultad de la técnica PRNT es la necesidad de los virus vivos y laboratorios de seguridad nivel III.

La detección del genoma viral (ARN) mediante RT-PCR, el cual se realiza en muestras recogidas durante los primeros 7 días desde el inicio de los síntomas, es una prueba altamente específica, y óptima teniendo en cuenta que los niveles de viremia son altos en esa fase de la replicación. La genotipificación del virus permite realizar comparaciones con el genoma de otros virus. (13). Hay otras opciones como la inmunofluorescencia con alta sensibilidad y especifiidad, con el inconveniente de requerir equipos y personal capacitación especial. (14) (Tabla 1)

**Tabla 1.** Pruebas recomendadas de acuerdo al tiempo de inicio de los síntomas

| Días desde el inicio de la enfermedad | Pruebas virológicas | Pruebas serológicas |
|---|---|---|
| Día 1-3 | RT-PCR = Positivo<br>Aislamiento = Positivo | IgM = Negativo<br>PRNT = Negativo |
| Día 4-8 | RT-PCR = Positivo<br>Aislamiento = Negativo | IgM = Positivo<br>PRNT = Negativo |
| >Día 8 | RT-PCR = Negativo<br>Aislamiento = Negativo | IgM = Positivo<br>PRNT = Positivo |

**Fuente:** Investigadores Vidal J, Avendaño C, Pernett L. Proyecto Chikungunya en una población del Caribe Colombiano 2015.

## Referencias bibliográficas

1.  Zeller H, Van Bortel W, Sudre B Chikungunya: Its History in Africa and Asia and Its Spread to New Regions in 2013-2014. J Infect Dis 2016.15;214(suppl 5):S436-S40.

    DOI: 10.1093/infdis/jiw391

2.  Hernandez R, Brown DT, Paredes A. Structural differences observed in arboviruses of the alphavirus and flavivirus genera

Adv Virol 2014;2014:259382 DOI: 10.1155/2014/259382.

3.  Dual mechanism for the translation of subgenomic mRNA from Sindbis virus in infected and uninfected cells. PLoS One. 2009;4(3):e4772 DOI: 10.1371/journal.pone.0004772

4.  Lark T, Keck F, Narayanan A. Interactions of Alphavirus nsP3 Protein with Host Proteins. Front Microbiol Jan 9;8:2652 DOI: 10.3389/fmicb.2017.02652

5.  Naresh Kumar CV, Sivaprasad Y, Sai Gopal DV. Genetic diversity of 2006-2009 Chikungunya virus outbreaks in Andhra Pradesh, India, reveals complete absence of E1:A226 V mutation. Acta Virol 2016;60(1):114-7.

6.  Oehler E, Fournier E, Leparc-Goffart IIncrease in cases of Guillain-Barré syndrome during a Chikungunya outbreak, French Polynesia, 2014 to 2015. Euro Surveill 2015;20(48):30079. DOI: 10.2807/1560-7917

7.  Yoon IK, Alera MT, Lago CB, Tac-An IA, Villa D. High Rate Of Subclinical Chikungunya Virus Infection and Association Of Neutralizing Antibody With Protection in A Prospective Cohort in The Philippines. PLoS Negl Trop Dis. 2015 7;9(5):e0003764. DOI: 10.1371/journal.pntd.0003764

8.  Larrieu S, Pouderoux N, Pistone T, Filleul L, Receveur MC. Sissoko D, et al. Factors associated with persistence of arthralgia among Chikungunya virus-infected travellers: report of 42 French cases. J Clin Virol 2010;47(1):85-8. DOI: 10.1016/j.jcv.2009.11.014.

9.  Win MK, Chow A, Dimatatac F, Go CJ, Leo YS. Chikungunya fever in Singapore: acute clinical and laboratory features, and factors associated with persistent arthralgia. J Clin Virol 2010;49(2):111-4. DOI: 10.1016/j.jcv.2010.07.004.

10.  Cardona-Correa SE, Castaño-Jaramillo LM, Quevedo-Vélez A. Vertical transmission of chikungunya virus infection Case Report. Rev Chil Pediatr 2017 ;8(2):285-288. DOI: 10.4067/S0370-41062017000200015.

11.  Fortuna C, Remoli ME, Rizzo C, Benedetti EImported arboviral infections in Italy, July 2014-October 2015: a National Reference Laboratory report. BMC Infect Dis 2017

16;17(1):216. DOI: 10.1186/s12879-017-2320-1

12. Giry C, Roquebert B, Li-Pat-Yuen GSimultaneous detection of chikungunya virus, dengue virus and human pathogenic Leptospira genomes using a multiplex TaqMan® assay. BMC Microbiol 2017 3;17(1):105. DOI: 10.1186/s12866-017-1019-1

13. Cherabuddi K, Iovine NM, Shah K, White SK, Paisie TZika and Chikungunya virus co-infection in a traveller returning from Colombia, 2016: virus isolation and genetic analysis. JMM Case Rep 2016 Dec 19;3(6):e005072. DOI: 10.1099/jmmcr.0.005072

14. Langsjoen RM, Rubinstein RJ, Kautz TF. Molecular Virologic and Clinical Characteristics of a Chikungunya Fever Outbreak in La Romana, Dominican Republic, 2014. PLoS Negl Trop Dis 2016 28;10(12):e0005189. DOI: 10.1371/journal.pntd.0005189.

15. Prince HE, Altrich ML, Nowicki MJEvaluation of Two Enzyme-Linked Immunosorbent Assay Kits for Chikungunya Virus IgM Using Samples from Deceased Organ and Tissue DonorsClin Vaccine Immunol2016 Oct 4;23(10):825-830Print 2016 Oct.

www.ingramcontent.com/pod-product-compliance
Lightning Source LLC
Chambersburg PA
CBHW071251170526
45165CB00003B/1298